经济管理学术文库·经济类

水污染治理的经济学研究

Economics Research on Water Pollution Control

万小影 / 著

U0251013

经济管理出版社
ECONOMY & MANAGEMENT PUBLISHING HOUSE

图书在版编目（CIP）数据

水污染治理的经济学研究/万小影著. —北京：经济管理出版社，2016.6
ISBN 978-7-5096-4278-8

Ⅰ. ①水… Ⅱ. ①万… Ⅲ. ①水污染防治—经济学—研究 Ⅳ. ①X52-05

中国版本图书馆 CIP 数据核字（2016）第 045241 号

组稿编辑：宋 娜
责任编辑：宋 娜
责任印制：黄章平
责任校对：赵天宇

出版发行：经济管理出版社
　　　　　（北京市海淀区北蜂窝 8 号中雅大厦 A 座 11 层　100038）
网　　　址：www. E-mp. com. cn
电　　　话：(010) 51915602
印　　　刷：北京九州迅驰传媒文化有限公司
经　　　销：新华书店
开　　　本：720mm×1000mm/16
印　　　张：11.25
字　　　数：189 千字
版　　　次：2016 年 6 月第 1 版　　2016 年 6 月第 1 次印刷
书　　　号：ISBN 978-7-5096-4278-8
定　　　价：88.00 元

目　录

第二篇　案例篇

导　论

　　水是人类赖以生存的基础。近年来，水环境恶化、水短缺、水污染和饮用水中毒等水资源问题频频出现，水资源问题已经成为全球关注的焦点。2011年3月，受日本福岛里氏9.0级大地震影响，日本福岛第一核电站的多个机组连日来相继发生爆炸，导致放射性物质泄漏。日本福岛近岸300公里的海域受到放射性污染。龙江镉污染事件，镉泄漏量约20吨，波及河段约300公里。2011年，长江中下游发生了大面积的干旱，鄱阳湖湖底裸露并出现了10厘米以上的裂痕，鱼、蚌、植物等大面积死亡。这些事件预示着人类如果不尽快采取有力的措施，整个世界将可能面临一场严重的缺水危机。

　　2014年，我国水资源总量约为27266.9亿立方米，位居世界第六，且人均水资源量只有2100立方米，仅为世界人均水平的28%，比人均耕地占比要低12个百分点，在世界银行统计的153个国家中，人均水资源占有量排在第88位。到2033年左右，随着我国人口规模达到15亿的峰值，预计我国人均水资源量会下降到1875立方米。在华北地区，人均水资源量更低，大概为700立方米，而其可利用量已经远低于这个数字。海河流域水资源稀缺状况更为严峻，该流域内生活着包括京津两地居民在内的1.5亿人口，其人均水资源量仅有约300立方米。据报道，我国600个城市中约有400个城市有水资源稀缺问题，其中，包括北京和天津等大城市在内的108个城市正面临严重的水资源稀缺问题。

　　另外，我国水资源管理不善，主要表现为水资源管理行为低效过时，地下水以不可持续的方式耗竭，水污染现象严重以及大范围的水生态系统退化和遭到破坏。2014年，全国污水排放总量达771亿吨，其中低于60%的污水经过一定技术的处理。2015年，尽管我国污水处理率在稳步上升，但是仍有大量的污水没有经过处理就直接排放。因此，水质仍是一个严重的问题，尤其是在北方地区，由于短缺稀释污染负荷的水源，水质问题就更加突出。

水资源稀缺和水资源污染这两大问题给我国的经济和环境造成了非常大的损失，特别是水污染问题严重威胁到公众的身体健康。实际上，早在2006年9月，当时的国家环保总局和国家统计局即联合发布《我国绿色国民经济核算研究报告2004》，报告中称，2004年因环境污染造成的经济损失为5118亿元，占GDP 3.05%。其中，水污染的环境成本为2862.8亿元。由于水资源的稀缺，我国地表水的过度开采已经导致湖泊和湿地干涸，并造成了包括海流量在内的环境流量不足。地下水的过度开采导致地下水位逐年下降并将最终导致地下水源枯竭，甚至造成许多大城市的地表沉降。

近年来，我国对水资源保护的意识开始逐步增强，如国务院办公厅发布《关于推进水价改革促进节约用水保护水资源的通知》，第十届人大通过的《中华人民共和国水污染防治法》等均体现了政府和社会对水资源问题的重视。同时，在供水行业方面，许多地区，如广州、上海在鼓励民间资本进入、新型的融资模式、自来水成本公开、实行阶梯定价等方面进行了尝试与实践，对促进自来水的良性定价和提升居民节水意识方面起到了一定的积极作用。此外，为完善水资源管理的政策和体制框架，我国政府一直在积极争取国际社会的技术支持。

目前，水资源的一些问题依然存在，并影响了我们的生活，如水资源短缺、水价不合理、水污染严重，等等。这也是笔者长期关注的研究课题，围绕这一主题，笔者从经济学的视角出发，针对我国水资源污染治理问题做深入研究，并提出相关治理对策。

全书分为两篇，第一篇为理论篇，第二篇为案例篇，共包括10章，每章都针对相关问题作了具体分析。第1章主要是对我国水资源现状及污染情况进行分析。第2章是对我国跨界水污染问题进行研究，提出了什么是跨界水污染、跨界水污染形成的原因、我国跨界水污染治理存在的问题以及针对问题采取的对策。第3章是关于我国水污染控制问题研究，阐述了我国水污染控制面临的主要挑战、政府控制水污染政策中存在的一些问题以及对策建议。第4章是提出了排污权交易在水污染治理中的应用。第5章是关于如何推进我国水资源污染防控产业化，针对我国水资源污染防控产业现状进行了分析，并提出了发展我国水污染防控产业的相关对策。第6章是关于水污染治理中的公众参与研究，研究发现公众参与水污染治理能发挥重要的作用，并对我国公众参与的现状及需要改进的领域进行了分析。第7章、第8章、第9章是国内外关于水污染治理的成功案例，这些案例分别是关于跨界水污染治理、排污权交易在水污染治理中的应用及公众参与水污染治理的案例，为理论篇的相关经济学理论作了论证。第 10 章是江西乐安河水环境污染与防治对策。近几十年来，江西乐安河一直深受当地铜矿等重工业企业污染，却始终没有得到政府的有效治理，这也给下游河两岸的村民身体造成了严重的损害，乐安河的治理迫在眉睫，因此本书第十章针对乐安河水环境的现状，从经济学的视角出发，提出治理乐安河的相应对策。

　　由于本书是在前期相对独立完成的研究成果上形成的，对于问题的分析可能并没有做到面面俱到，并且为了保持文章的独立性，各个章节之间在内容衔接上可能存在不够紧密且略有重复的问题。另外，我们的研究还刚刚起步，在许多方面还欠深入。水资源稀缺和水资源污染问题是制约我国未来发展的重要瓶颈，值得大家深入探讨，本书只是抛砖引玉，把此问题提出来，并发表了自己的见解，不当之处在所难免，还请各位专家学者批评指正。

第一篇

理论篇

第1章 我国水资源污染问题概述

1.1 我国水资源状况

1.1.1 水资源总量

从水资源总量来看，按照 2014 年的统计数据，我国水资源总量约为 27266.9 亿立方米，在全球排名第六。排名在我国前面的国家分别是美国、俄罗斯、巴西、加拿大和印度。我国的人均水资源量是 2100 立方米，以世界人均水资源量的标准来看，我国的用水情况是介于中度缺水与轻度缺水之间。在世界银行统计的 153 个国家中，我国人均水资源占有量排在第 88 位。

截至当前的调查数据显示，我国有将近三分之二的城市处于缺水的状态，甚至有一小部分城市出现了水资源严重不足的情况，北京和天津就是这一小部分城市中的一员。突出的水资源稀缺和水资源污染问题逐步威胁到我国的经济与社会安全，是当前亟须解决的问题。据相关部门的权威统计，我国整体上都处于缺水的状况，而且情况比较严重，人均用水量仅仅是世界人均用水量水平的四分之一；我国有将近 70%的城市出现了供水不足的情况，其中严重不足的就占了近 20%；在那些人口超百万的大型城市中，几乎每一个城市都面临着不同程度的缺水问题。在 46 个重点城市中，有将近一半的城市使用的水质量不达标，14 个沿海开放城市中有 9 个严重缺水。北京、天津、大连和青岛等城市缺水最为严重。

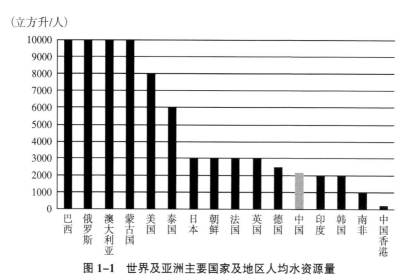

图 1-1 世界及亚洲主要国家及地区人均水资源量

从水资源的分布来看，近 2/3 的区域为少水区，内蒙古、甘肃、青海、新疆一带为缺水带。丰水区带也主要分布在东南沿海，主要包括浙江、福建、广东、台湾、海南岛等。

1.1.2 降水量

从 2004~2014 年的统计数据发现，全国的年均降水量为 600mm 左右。其中北方六区（松花江、辽河、海河、黄河、淮河、西北诸河六个水资源一级区）年降水量在 280mm 左右，南方四区（长江（含太湖）、东南诸河、珠江、西南诸河四个水资源一级区）年降水量约在 1100mm。

2014 年中国水资源公报的相关信息表明，我国 2014 年降水量的平均水平是 622.3mm，和往年的情况呈现出相似的特征。单从水域的分布来看，西北河区、淮河区、海河区、辽河区、黄河区以及松花江区这六大水域片区（下文统称北方六区）降水量的平均水平为 316.9mm，和往年相比，下降了 3.4%。反观南方的情况，珠江区、西南诸河区、东南诸河区以及长江区（包括太湖）这四大水域片区（下文统称南方四区降水量）的平均水平偏高，为 1205.3mm，基本上和往年的表现相差不大。以行政区域来划分，东部的 11 个省份（下文统称东部片区）降雨量的平均水平为 1045.8mm，和往年的情况相比，下降了 5.4%；中部的 8 个省份（下文统称中部片区）降水量的平均水平为 925.4mm，和往年的情况相比，略微增加了 1.1%；西部的 12 个省份（下文统称西部片区）降水量的平均水平为 501.0mm，和往年的情况差异不大。

1.1.3　地表水资源

地表水资源，指地表水中可以逐年更新的淡水量。包括冰雪水、河川水和湖沼水等。2014 年的数据表明，我国的地表水资源量为 26263.9 亿立方米，以年径流为衡量指标，深度为 277.4mm，和往年的情况相比，下降了 1.7%，和 2010 年相比，下降的幅度比较大，为 25.5%。北方片区的地表水资源量是 3810.8 亿立方米，以年径流为衡量指标，深度为 62.9mm，和往年的情况相比，下降了 13.0%，和 2010 年相比，下降幅度达到了 26%；南方片区的地表水资源量是 22453.1 亿立方米，以年径流为衡量标准，深度为 657.9mm，和往年的情况相比，下降了 0.6%，和 2010 年相比，下降了 26.4%。以行政片区的划分来看我国的地表水资源量，东部片区、中部片区以及西北片区的地表水资源量分别是 5022.9 亿立方米、6311.6 亿立方米、14929.4 亿立方米，以年径流为衡量标准，分别是 471.4mm、378.3mm、221.7mm。和往年的情况相比，东部片区下降了 3.1%，中部片区和以前情况差异不大，而西部片区下降了 1.9%。

表 1-1　2011 年各水资源一级区水资源量

单位：亿立方米

水资源一级区	降水量(mm)	地表水资源量	地下水资源量	地下水与地表水资源不重复量	水资源总量
全国	622.3	26263.9	7745.0	1003.0	27266.9
北方六区	316.9	3810.8	2302.5	847.7	4658.5
南方四区	1205.3	22453.1	5442.5	155.3	22608.4
松花江区	511.9	1405.5	486.3	207.9	1613.5
辽河区	425.5	167.0	161.8	72.7	239.7
海河区	427.4	98.0	184.5	118.3	216.2
黄河区	487.4	539.0	378.4	114.7	653.7
淮河区	784.0	510.1	355.9	237.9	748.0
长江区	1100.6	10020.3	2542.1	130.0	10150.3
其中：太湖流域	1288.3	204.0	46.4	24.9	228.9
东南诸河区	1779.1	2212.4	520.9	9.8	2222.2
珠江区	1567.1	4770.9	1092.6	15.5	4786.4
西南诸河区	1036.8	5449.5	1286.9	0.0	5449.5
西北诸河区	155.8	1091.1	735.6	96.3	1187.4

资料来源：2014 年中国水资源公报。

从我国水资源总量来看，占全国总面积 64% 的北方地区水资源总量为 4658.5 亿立方米，仅占全国的 17%，占全国面积 36% 的南方地区水资源总量为 22608.4 亿立方米，占到全国的 83%。全国地表水资源量为 2623.9 亿立方米，其中北方地区地表水资源量仅占全国水资源总量的 14.5%。因此，在我国，水资源时空分布严重不均，南多北少现象较为突出。

1.1.4　水资源短缺的原因

从我国水资源的需求来看，我国用水量的稳定增长将是一个必然的趋势，而从水资源供给来看，供给总量增长十分有限。根据水利部的测算，在多年平均情况下，全国年平均缺水 500 多亿立方米。一方面，水资源短缺直接导致了干旱地区的扩大与干旱程度的加重，部分人口饮水困难。据估计，我国每年受旱面积至少在 300 万平方千米，7500 万人饮水困难。2013 年，全国耕地受旱面积达 6000 万亩左右，个别年份的受旱面积甚至达到 1 亿多亩。另外，缺水已经造成了我国较为严重的生态环境破坏。如北方地区因为地下水开采过度而引起地面沉降、土地沙化、海水入侵等一系列生态问题。而造成我国水资源短缺的原因是多方面的，归结起来主要是以下几个方面。

1.1.4.1　水浪费严重

我国是缺水国，水资源本来就不丰富，而且在工业用水、农业灌溉以及城市居民生活用水方面浪费惊人。我国工业水资源的重复利用率不足发达国家的 1/3，农业灌溉也大多是采用粗放式的排灌为主。同时，居民生活用水浪费现象也普遍存在。一个坏的水龙头一个月将流掉 1~6 立方米水，城市的洗衣机年耗水 30 亿立方米，相当于 46 个十三陵水库[①]的水量。卫生间用水占居民生活用水总量的 60%~70%，一个抽水马桶每冲一次水就需要 10 升左右。我国一些盲目上马的煤化工项目，对水资源的浪费极大。据相关测算，用煤直接制油每吨成品油需要消耗 6 吨水，间接制油每吨成品油需要消耗 12 吨水，一般有煤炭的地区水资源本身就相对较少，但这些煤化工企业却严重浪费水资源。

---

① 来自《北京晚报》的数据显示，目前我国城市洗衣机社会保有量约 1.2 亿台，以每周 3 次使用频率粗略估算，全部洗衣机每年耗水量至少 30 亿立方米。

1.1.4.2　水污染严重

水资源短缺除了因为我国是缺水国外，还与我国的水污染异常严重有关。中国七大水系一半以上河段水质污染，35 个重点湖泊有 17 个严重污染，90%以上城市水域污染严重，50%以上城镇的水源不符合饮用水标准，40%的水源已不能饮用。[①]

严重的水污染让人们有水也不能用，这对本来水资源紧缺的中国人民而言，无疑是雪上加霜。

1.1.4.3　管理制度的缺失

节水和治污均需要投入大量的资金，但成效却不明显，管理部门也因此没有足够的动机和积极性。目前，某些管理部门看重的是管水的权力，而没有努力采取措施去保护水资源，仅仅为自己和所在的部门谋取利益。如城市的大部分工业污水是未经任何的污水处理程序就直接排入江河之中，同时又不惜代价地进行跨流域调水，虽享受了调水的红利但是生态环境也付出了沉重的代价。

1.2　水环境污染

水污染是指水体受到某种特定物质的影响，改变了水体中的物理层面、化学层面、生物层面以及放射性等层面的特点。水污染的最终结果是影响了水的实用价值，这不仅仅破坏了生态的平衡，还对人的身体健康产生了负面影响。

1.2.1　水污染现状

1.2.1.1　水污染的范围大

在我国，大部分人的饮用水主要来源于江河水和井水，其中有大部分水源违背了国家卫生标准，约 1.6 亿人口饮用了受到有机物污染的饮用水。[②]

更糟糕的是，我们尚未找到一个很好的办法来解决当前的水污染问题，水资

---

① 资料来源：21 世纪网. http://zhuanti.21cbh.com/2013_dixiashui/.
② 资料来源：水污染. 百度百科.

源依然受到不同程度的污染。不管是江河，还是湖泊，水资源受到污染的程度早已超过了其自身可以承受的程度。不断增加的污染排放量，使越来越多的江河受到污染，Ⅴ类水和低于Ⅴ类水的比重依然比较高，其中污染较严重的河流包括海河、淮河、辽河、黄河、珠江、长江和松花江。其中海河劣于Ⅴ类水质河段高达56.7%，辽河达37%，黄河达36.1%。长江干流超过Ⅲ类水的断面已达38%，比8年前上升了20.5%。除了青海和西藏外，我国有3/4的湖泊水出现了较为突出的营养化问题。我国的工业污染很严重，污染江河水域的罪魁祸首就是工业排污。众所周知，频繁发生的水污染事件困扰着相关部门，每年有将近1000起发生。许多成立较早的企业没有充足的资金对自身水污染进行根治，还有大量的乡镇企业依然在踩水污染的高压线，普遍存在不规范的排污情况。有大部分的城市至今还没有设立相应的污水处理厂，更别提向相关企业征收排污费用了，乱排污现象屡见不鲜。除了少数几个大城市外，许多小城市和小城镇依旧没能采取合理的办法来处理污水。同时，居民的饮用水问题也一直是亟待解决的问题，有将近1/4的地表水源不符合规定，例如淮河和辽河等有一半的水是不能安全饮用的。在我国，有差不多3亿人口面临着水质不安全的问题，其中2/3人口面临着严重的水质有害物质超标现象，农村有6300万人饮用水的含氟量较高，200多万人饮用水的含砷量较高，3800多万人饮用苦咸水。

产生上述现象的原因一方面是随着我国经济的不断发展，各个城市都涌现出一大批工业企业，这些企业都会产生大量的污水；另一方面，伴随着城镇化的不断推进，城市规模扩大，城市中的常住居民也在不断增加，结果导致大量的生活污水不断地向外胡乱排放。相关部门就我国第一季度的地表水质进行了一个相对规范的检测，从相应的检测结果我们可以了解到，我国绝大多数城市的水质都是极度不合格的。例如，安徽巢湖的长江段，平均水平为Ⅴ类（Ⅴ类已经是突破人类可以承受范围了，劣Ⅴ类水里面根本不能存活任何生物）；渭河所流经的渭南市和淮河流经的周口市，在第一季度的监测结果更是让人担忧，劣Ⅴ类水质的结果让人倍感紧迫。不仅如此，相关部门就淮河和海河的若干个断面的水质进行了一系列的监测和评估，发现皆为劣Ⅴ类水质。"松花江污染事件"的发生说明我国的水污染事件已经进入了频发期，之后的太湖和滇池以及巢湖水域问题，说明水污染事件已经从频发期进入集中发生期。

1.2.1.2　自来水等饮用水也不安全

从我国自来水的饮用标准来看，自来水厂仅仅采用沉淀、过滤、加氯消毒等方法将江、湖水或地下水加工一下即可。我国的城市水污染的成分复杂，包括重金属、农药、化肥、洗涤液等成分，即使是将水煮沸了，也无法减少这些残留物，相反还会增加有害物质的浓度。据统计，我国主要大城市中只有 23% 的居民饮用水是符合国家卫生标准的。此外，自来水中加氯虽可以有效杀除病菌，但是同时也产生较多的氯代烃类化合物，这类化合物含量的成倍增加，会引发人类患各种胃肠癌等疾病。

1.2.1.3　地表水污染严重

若按照《地面水环境质量标准》统计，符合该标准的 Ⅰ 、Ⅱ 类标准的地表水只占 32.2%（河段统计），符合 Ⅲ 类标准的地表水占 28.9%，如果将 Ⅲ 类标准也作为污染统计的话，那么我国所有河流中有 67.8% 被污染，约占监测河流长度的 2/3。

1.2.1.4　地下水污染也不容乐观

我国经济水平的不断发展和人口的不断增加，需要更多的水资源进行支撑。在近几十年里，我国以平均每年 25 亿立方米的地下水开采量在不断增加。在我国，大部分城市都是使用地下水，有些城市基本上是依靠地下水来满足对水资源的需求。根据国土资源部发布的《我国主要城市和地区地下水水情通报（2005 年度）》，2005 年在具备系统统计数据的 171 个地下水漏斗中，漏斗面积扩大的就有 65 个，占到了统计数的 38%，面积扩大了 6736 平方米，仅河北沧州第Ⅲ承压含水层漏斗面积就扩大了 2089 平方米，最大水位埋深达到 10 米。由此导致了许多不同类型的环境问题，例如植被不断死亡、湿地消失以及土地沙漠化，甚至还从某种程度上导致了海水入侵、地面沉降、岩溶塌陷等生态灾难的频繁发生。

就当前的情况而言，我国的地下水污染呈现出一个这样的趋势：从浅至深，从点至面，从城市至农村，水资源被污染的程度更是逐年递增。相关部门在对全国 195 个城市的地下水水质进行监测后，发现几乎每个城市都面临着或多或少的地下水污染问题，有将近 2/5 城市的地下水污染在不断地恶化。在北方地区，地下水污染现象更加严重，绝大多数的省会城市对地下水污染拉响了警报。南方地区的情况会相对好一点，但还是有几个省会城市也经受着类似的考验。在我国的很多地区，地下水的污染已经产生了很多严重的不良影响。比如，辽宁省海城市，肆意排放的污水已经使得大量的地下水受到了不同程度的污染，邻近村的村民因为长期在这样的环境下生活，已经有很多的村民被曝染上许多从未患过的疾病，甚至有上百人的生命被不断污染的地下水剥夺；在安徽淮河段，可供人类安全使用的浅层地下水面积仅占地下水总面积的 1/10；因为日益严重的水污染问题，山东省淄博市日供水量 51 万立方米的大型水源地面临报废，国家大型重点工程——齐鲁石化公司水源告急；在首都北京，浅层地下水中也检测出具有巨大潜在危害的 DDT、六六六等有机农药残留和尚没有列入我国饮用水标准的单环芳烃、多环芳烃等"三致"（致癌、致畸、致突变）有机物。

过度地开采地下水和环境的污染是息息相关的，这样的相互影响会造成意想不到的恶性循环：水资源的缺乏，造成肆意开采地下水的程度加剧，进而造成地下漏斗水面积的进一步增加，随之而来的是地下水水位的不断下降；随着地下水水位的下降，从某种程度上又改变了原来的动力条件，导致了地下水中的地面污水与日俱增，浅层的污水也不停流向深层，因此这种水污染程度越发的严重和不可收拾。事实上，如果不能合理、妥善地解决地下水的问题，我们的自然发展、社会发展和经济发展都会受到严重的影响，更别说可持续发展了。

1.2.2 水污染造成的危害

目前，在经济高速发展的同时，水污染、环境污染也成为越来越严重的问题，直接威胁到人们的生活和身体健康，影响我们的生产活动，制约着整个国民经济的持续发展。水污染的危害主要导致了如下几个方面的严重后果。

1.2.2.1 危害人体健康

现代医学研究发现，我们的疾病中有高达 80% 的比率与水污染有关。在污水中有很多难降解的有毒物容易通过地下水直接进入我们的食物链系统，这为我们的健康留下了极大的隐患，很可能使我们患上恶性肿瘤、畸形怪胎、糖尿病、血管类病、癌症、肝炎等一系列顽症。我们平常与不干净的水进行简单的接触也很容易感染上如皮肤病、沙眼、血吸虫、钩虫病等疾病。让我们更惊诧的是，如今的水污染程度已经极大地影响到人类性激素的分泌，在很大程度上影响着我们的繁殖能力，有时候会容易造成自然流产或先天残疾。简而言之，水污染对我们健康的危害是多方面的，不容忽视。

1.2.2.2 降低农作物的产量和质量

在实际的农业生产过程中，我国很多地区的农民通常喜欢采用污染的水来灌溉农田。这主要基于污水有着一定的肥分，又可以节约生产成本。但是，现实却给了我们惨痛的教训，这些含有毒性有害物质的污水、废水将会腐蚀农田的土壤层，这将会导致农作物大片枯萎死亡，致使农民遭受极大的经济损失。虽然在不少地区也有作物丰收的情况出现，可是在这些农作物大丰收的背后隐藏着极大的危机，也就是这些作物本身受到污染的情况难以避免。一些研究表明，从那些通过使用污水灌溉生产出来的蔬菜和粮食作物中检测出了大量的痕量有机物，这些有机物会严重影响我们的健康。

1.2.2.3　影响渔业生产的产量和质量

水污染也会极大地影响渔业生产，这主要是因为渔业生产的产量和质量与水质有着很大的关系。在淡水渔场，由于淡水的污染导致鱼类大面积死亡的事情早已经不是个例，在很多天然水体中，很多鱼类和水生物已经很快要灭绝或者濒临灭绝。在海水养殖中，也同样难以避免水污染的威胁与破坏。这些污染的水源，一方面，将会影响鱼类死亡的数量；另一方面，还会使鱼类和水生物变异。这些积累了大量有害物质的鱼类和水生物体，其食用价值将极大地贬值，食用这些鱼类和水生物体将会极大地影响我们的生命健康。

1.2.2.4　制约工业的发展

水污染对我们工业生产的危害，我们可能感觉不明显或者根本没注意到。实际上，在工业生产过程中，我们需要利用大量的水作为原料或者洗涤产品直接参与我们的生产过程，例如我们的日食品、造纸、纺织、电镀等行业产品的生产，工业用水水质的变差将严重影响工业产品的质量。在工业用水中，冷却水的用量占比最大，水污染将会造成冷却水循环系统的堵塞、结垢和腐蚀等问题，同时还将会影响到锅炉的安全与寿命。我们不难想象，水污染会影响到工业生产的产量，同时也会间接影响到工业产品的质量。

1.2.2.5　加速生态环境的退化和破坏

水污染对生态环境的破坏是相当严重的。水污染会造成污染物体的沉积，会使土壤层退化，影响整个生态链的健康循环，如会影响水中鱼类和植物的生长，破坏整个生态平衡。

1.2.2.6　造成经济损失

水污染给我们人类造成的损失，无论是健康、工业还是农业生产，等等，都可表现为经济的损失。例如，当水污染影响到我们的身体健康后，我们需要花医药费来治疗疾病，严重的将会影响劳动生产率，减少劳动生产力。水污染对工农渔业的影响可想而知了，这些都是一些直接的经济损失。而对生态环境的破坏，则需要我们耗费巨额的环境治理费用来修复生态的平衡。

1.3　我国地下水资源及污染现状

1.3.1　我国地下水资源现状

1.3.1.1　地下水资源现状

在我国，有将近 1/3 的水资源来源于地下水。据 2014 年的水资源公报表明，2014 年，以矿化度小于或等于克/升的为标准，我国的浅层地下水面积为 854 万平方千米，地下水资源量[①] 为 7745.0 亿立方米，和往年的情况相比，下降了 4.0%。其中，平原区、山丘区以及介于两者之间的地下水资源量分别为 1616.5 亿立方米、6407.8 亿立方米以及 279.3 亿立方米。2014 年，北方六区平原浅层地下水计算面积为 163 万平方千米、地下水总补给量为 1370.3 亿立方米，我国北方人民生活用水量主要来源于这两种水资源。在北方 6 区平原地下水总补给量中，降水入渗补给量、山前侧渗补给量、地表水体入渗补给量和井灌回归补给量分别占总补给量的 50.4%、8.1%、35.8% 和 5.7%。松辽平原和黄淮海平原的水资源来源主要以降水为主，降水量在总补给量的份额高达大约 70%；西北诸河平原区也呈现出诸如此类的情况，降水量在总补给量的比重同样很高，大约高达 75%。

根据 2014 年中国水资源公报的有关数据可知，2014 年我国地底下所形成的水资源为 1117 亿立方米，在总供水量中占了 1/5 左右。我国所有的城市里，有 400 多个城市公民的饮水来源于地下水，在全国的城市占比是 61%。在北方地区，不管是生活用水、工业用水还是农业灌溉，地下水资源依旧是主要的水资源来源。

---

① 地下水资源量是指地下饱和含水层逐年更新的动态水量，即降水和地表水入渗对地下水的补给量。

1.3.1.2　我国地下水资源分布

从宏观层面来看，受环境和气候的影响，我国各个地区的地下水资源含量各不相同。其中，南方地区天然地被赋予了相对充裕的地下水，而北方地区就相对匮乏。以地下淡水的天然分布来看，南方地区的淡水资源占全国淡水资源总量的70%，而北方地区的淡水资源占全国淡水资源总量的 30%。

我国地下水资源主要分布于各大平原、山间盆地、大型河谷平原和内陆盆地的山前平原和沙漠中，主要包括黄淮海平原、三江平原、松辽平原、江汉平原、塔里木盆地、准噶尔盆地、四川盆地以及河西走廊、河套平原、关中盆地、长江三角洲、珠江三角洲、雷州半岛等地区。

1.3.1.3　地下水资源过度使用

在我国的华北平原，台湾的云嘉南一带，不管是工业生产、农业的培育、渔业的养殖还是日常生活，人们大部分使用的水都来源于地下水，因此在这些地区普遍存在着地下水资源的过度开发问题。水资源的过度开发使得地表不断下陷，甚至还有海水渗入的情况发生，这就使地下水的咸化程度不断加深。另外，不断开采的地下水会使地下水水位不断下降，最终造成断流和水源枯竭等问题，严重的还会造成地裂，甚至还会产生许多让人猝不及防的环境问题。

1.3.2　地下水污染

1.3.2.1　地下水污染概况

1.3.2.1.1　地下水污染定义

地下水污染（Ground Water Pollution）是指由于人类各种活动的产生，改变了地下水的物理特性、化学特性以及生物特性，从而降低了水原来功效的一种现象。地下表层远比我们想象中复杂，地下水的流动速度是相当慢的，这就使地下水污染具备过程慢、不易发现和解决的特点。一旦地下水资源被污染，哪怕是找到了污染的源头，并且及时根治它，水质要想回到原来的水平也需要十几年甚至是几十年的时间。

1.3.2.1.2　地下水污染的途径

地下水污染的途径有两种：一是污染的直接方式；二是污染的间接方式。

（1）污染的直接方式。地下水被污染的主要方式就是污染直接方式，即地下水直接受到人为的破坏和污染，没有通过中间方的作用，直接对地下水产生不良

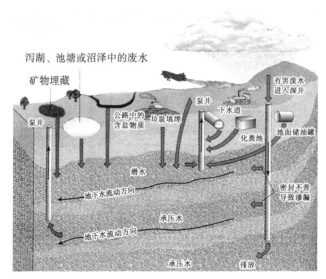

图1-2 地下水污染

的影响。这种方式的特点就是污染源直接进入水层，在这个进入污染的过程中，并不会改变污染物的基本特征。

（2）污染的间接方式。污染的间接方式并不会常常发生，但是却有其自身的特点。污染的间接方式是指污染物不会直接进入水层导致地下水被污染，而是污染源找到了一个相应的载体，在这个载体的作用和传导下，污染源进入了水里，从而间接地造成了地下水的污染。例如，由于污染引起的地下水硬度的增加、溶解氧的减少等。污染的间接方式也相当的复杂，我们很难觉察到这种污染方式的根源所在，因此在追溯源头和寻找解决办法的过程中，往往需要花费不少的精力和时间。

1.3.2.1.3 地下水污染特点

（1）隐蔽性。由于污染是发生在地表以下的含水介质之中，因此，必须通过钻探等手段揭露地下水，进行采样分析，才可以判断地下水是否遭受污染。由于包气带对污染物的净化和屏障作用，一旦地下水被轻微污染，我们都很难从表面现象分辨出什么。哪怕是确定被污染，也还是表现出无色、无味的特征，这种现象和地表水截然不同，我们可以很直观地从地表水的气味或者颜色来得出相应的结论。另外，哪怕是我们饮用的地下水中含有有害物质甚至是有毒物质，我们的身体也不会立马产生不良反应，这些不好的影响通常都隐藏在我们的身体里，很难被轻易地察觉。由此观之，地下水污染往往具有很强的隐蔽性。

（2）长期性。一旦地下水受到了人为的污染，想要根除污染物或者依靠含水层的自净得到恢复就会变得很难。这主要是因为地下水的径流速度非常缓慢，即使是在水交替强烈地区，地下水径流速度相对于地表水体来说，也是非常缓慢的。而地下水的污染物则由于含水介质的吸附作用使迁移速度更加缓慢。此外，吸附或沉淀在含水介质中的污染物很难通过抽水的方式将其从地下带出，它们往往长期存在于含水介质中，并不断缓慢地向地下水中释放转移。因此，地下水一旦遭受污染，即便是断了污染物的来源，仅仅依靠水质本身的自我净化功能，也是需要花费很长的时间。因此，地下水污染具有明显的长期性特点。

（3）难恢复性。由于地下水埋藏在地下，相对于地表水的治理，防治地下水污染的难度要大很多，成本也要高很多。多数情况下，地下水中的污染物很难通过将污染地下水抽出的方式全部抽出，必须结合一些包含地下工程的就地恢复治理措施，对被污染的地下水和含水层进行同时治理，这就大大增加了地下水污染的处理难度和成本。尽管目前国际上已有一些针对污染场地地下水污染的治理技术，但由于处理难度大，成本过高，即便是发达国家也只是有选择地对一些污染比较严重、危害比较大的污染场地地下水进行治理。针对区域的面状污染，目前尚无有效的治理技术。因此，人们必须清楚地认识到地下水污染的难恢复性特点。

1.3.2.1.4　常见的地下水污染类型

（1）氮污染。氮污染是地下水污染中最常见的无机污染，尤其是硝酸盐氮（NO_3-N）。在未受污染的天然水中，NO_3-N 浓度多小于 30 毫克/升，但在受污染的地下水中，其含量可从每升几十毫克上升到上百毫克。地下水中氮的来源较多，主要有化肥、农家肥、城市生活污水和生活垃圾等。农业生产中的过量施肥和集约化畜类养殖往往是造成农业区地下水 NO_3-N 污染的主要原因。城市污水管网的渗漏以及垃圾淋滤液的渗漏是造成城市地区地下水氮污染的主要原因。例如我国的北京、沈阳、西安等许多大城市的地下水都遭受到不同程度的 NO_3-N 污染，许多城市的地下水供水水源 NO_3-N 都超过饮用水标准 10 毫克/升，这对城市供水安全构成了威胁。

（2）盐污染。盐污染指的是在三种因素的作用下，地下水受到了不同层次和程度的污染：总硬度、Cl^- 和 TDs。这三者通常都是彼此联系、彼此相关的，而污染地区往往总是在城市地区，特别是在古老的城镇，其污染来源多半是城市的生活废水和垃圾。这是城市化所带来的一种环境问题，也是地下水污染的一个普遍问题。地下水盐污染通常污染普遍且污染范围大，呈局面状污染，污染过程表现为总硬度不断升高，其他组分也升高，特别是 Cl^-、Na^+、K^+ 和 TDs，有时 NO_3^- 和 SO_4^{2-} 也升高。

（3）细菌污染。许多病原微生物的滋生同样会让地下水的水质受到影响，通常细菌污染包括这几种：病毒、细菌以及寄生虫，而病毒和细菌又是危害最大的两种。许多接触水引起的传染病（俗称水媒病）的爆发多数是由于供水系统的水污染引起。肠道病原菌是污染地下水的主要原因之一，如大肠杆菌、鼠伤寒沙门菌、索氏志贺氏菌、空肠弯曲杆菌、结肠耶氏菌等。这些原菌的大本营主要坐落于生活污水池、化粪池、生活污水池、污水排放处以及垃圾填埋场。地下水的天然属性是无毒无害，对人类没有副作用的，但是因为人类活动就可能会引起地下水病毒污染。病原微生物在地下水系统中的存活期与地下水是否会遭受病原微生物的污染密切相关。由于地下水径流速度比较缓慢，如果病原微生物的存活期小于其从污染源迁移到地下水所需的时间，一般来说就不会造成地下水的污染。病原微生物存活期的长短不仅与其种类有关，而且受温度、pH 值、土壤含水量、其他微生物等多种因素影响。此外，病原微生物在地下水系统中的迁移能力还受机械过滤作用和吸附作用的控制。

（4）有机污染。有机污染也是一种常见的地下水污染类型，其具有如下特点：种类繁杂、含量低、影响范围广、根治难度大。根据国内外现有的研究，虽然大多数有机污染物在地下水中的含量很低，但许多有机污染物仍然具有可怕的影响，即致癌、致畸、致突变，这会严重制约人类社会的发展。另外，这些有机物通常很难在自然降解的引导下得以去除，甚至会往不好的方向发展，比如不断的囤积和恶化。这么多年的实践经验告诉我们，地下水有机污染会给我们的身体健康和财产安全带来巨大的损失，这些情况需要引起相关部门的重视。

地下水中的许多有机污染物来自有机液体，它们与水是不混溶的，与无机污染物在地下环境中的存在形式及迁移有很大区别。因此，研究有机污染物在包气带、含水层中的迁移十分复杂。此外，地下水有机污染物的浓度低使得遭受污染的地下水很难被直接发现，只有通过气相色谱等精密仪器的分析方能检出，常规的分析方法根本无法检测到，这也使得地下水有机污染问题研究起来更加复杂、困难。

1.3.2.2 我国地下水污染现状

地下水占我国水资源总量的1/3，在我国，几乎所有的地下水都或多或少地受到了污染，只不过程度上有所差异。放眼全国，地下水污染状况不容乐观，地下水的水质恶化趋势明显。2000~2002年，国土资源部就调研过我国地下水的相关情况，这三年间，全国地下水资源符合Ⅰ类至Ⅲ类标准的，还有63%。到2009年，通过对北京、辽宁等8个省份641眼井的水质分析，水质Ⅳ类至Ⅴ类的却占到了73.8%。而2012年，在对全国198个地市级行政区的地下水水质监测中，"较差至极差"水质的监测点比例为57.4%。

表1-2 地下水水质标准

类别	水质标准
Ⅰ类	水质良好。只需要进行消毒即可饮用，地表水经简易净化处理（如过滤）、消毒后即可供生活饮用者
Ⅱ类	水质受轻度污染。经常规净化处理（如絮凝、沉淀、过滤、消毒等），其水质即可供生活饮用者
Ⅲ类	处理后可用于养鱼或游泳之类用途
Ⅳ类	污染较重，比较难处理，处理后不宜直接做饮用水。水源适用于一般工业保护区及人体非直接接触的娱乐用水区
Ⅴ类	污染较重，比较难处理，处理后不宜直接做饮用水。适用于农业用水区及一般景观要求水域。超过Ⅴ类水质标准的水体基本上已无使用功能

根据2012年国土资源公报公布的数据，在2012年的水质监测工作中，我们对全国198个地市级行政区进行全方位的测度，监测点遍布极广，高达4929个，其中包括800个国家级的监测点。依据《地下水质量标准》（GB/T14848-93），最终的监测结果显示，只有将近600个监测点的水质能够达到优级的水平，所占比重是11.8%；有1348个监测点呈良好级，所占比重是27.3%；有176个监测点的水质呈现出较好水平，所占比重为3.6%；可是，却有将近50%的监测点的水质是较差级别的水平；更令人担忧的是极差水平的监测点也有826个，所占比重为16.8%（见图1-3）。其中超标的成分主要包括锰、铁、氟化物、"三氮"（亚硝酸盐氮、硝酸盐氮和铵氮）、总硬度、溶解性总固体、硫酸盐、氯化物等物质，甚至在少数的监测点还发现了重金属等物质。

与2011年相比，有连续监测数据的水质监测点总数为4677个，分布在187个城市中，其中水质综合变化呈稳定趋势的监测点有2974个，占监测点总数的

63.6%；呈变好趋势的监测点有 793 个，占监测点总数的 17.0%；呈变差趋势的监测点有 910 个，占监测点总数的 19.5%（见图 1-4）。总体来看，2012 年地下水水质综合变化趋势以稳定为主，呈变差趋势的监测点比变好趋势的监测点稍多。

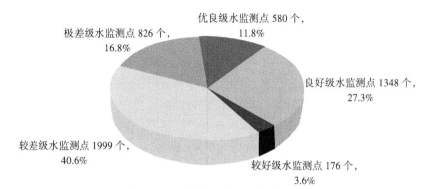

图 1-3　2012 年我国地下水水质状况

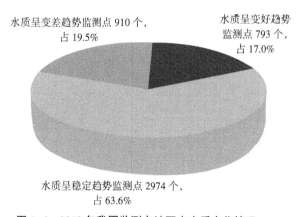

图 1-4　2012 年我国监测点地下水水质变化情况

　　浅层地下水是农村井水的重要来源，地表水可以直达浅层地下水，因此其更容易受污染。根据 2001~2002 年国土资源部第二轮地下水资源调查，在 197 万平方公里的平原区中，浅层地下水 I 类水质和 II 类水质分布仅占 4.98%，甚至有一半以上的水已经不能饮用了。

　　据相关数据表明，在我国，不管城市规模的大小，其地下水都或多或少地受到了一定的污染，有一半城市的地下水遭受了严重的污染，甚至有些城市的地下水已经不能供工厂的生产和居民生活的使用了。在我国的华北平原，还监测出在深层地下水中有污染物的痕迹。相关部门在 2005 年就分别对我国的 195 个城市进行了全方位的测度，数据显示，我国所有的城市几乎都面临地下水污染问题，少数几个城市的污染情况还在逐年加重。从我国的北方地区来看，大部分省会城市都面临着日趋加重的污染问题；南方省会城市的污染问题虽然没有北方那么严重，但也有少数几个省会城市面临着同样的困境。不断恶化的地下水加重了地下水原本的情况，使得可以被使用的地下水一天天变少。

国土资源部下属科研机构专门对华北平原的相关水源进行了实地调研，考察了当地的地下水污染情况和水质情况，得出的结论就是当地的浅层地下水的整体质量都不太让人满意，很难找到优质的地下水。只有 1/4 的地下水可以供当地的居民使用，有一半左右的地下水要通过技术处理才能被人类所使用。采样的结果表明，一小部分采样点的地下水已经遭受了或多或少的污染，但污染情况还不算严重，中污染、较重污染、严重污染、极重污染的地下水均未超过总取样点数的 1/10。

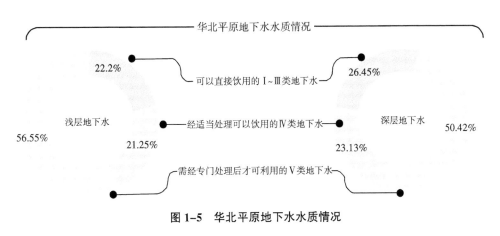

图 1-5　华北平原地下水水质情况

浅层地下水是最容易受到污染的水源，考虑到地表水很容易遭受污染，浅层地下水遭受污染也比较平常。越来越多的数据已经显示，我国的地下水污染情况已经处于一个不容乐观的局面：污染物组成部分的种类在不断增多，复杂程度也在不断增大。不管是从广度上看，还是深度上看，污染都在不断地加重。截止到2015 年，我国的地下水污染还在进一步加剧，已经从原来的点扩展到面，由原来的东部地区扩展到西部地区，由原来的城市蔓延到农村，由原来的局部污染演变成现在的全面污染。从污染源的成分来看，也从原来的无机污染发展成现在的有机污染，程度之深不言而喻，面积之广不容忽视，对人类社会的负面影响也越来越明显，这是一种更大范围的污染，影响的人群更广泛，更难治理。

1.3.2.3　我国地下水污染的原因

在我国，人类行为和活动是地下水污染物的主要来源之一，自然形成的某些物质也会造成地下水污染。日常生活里的生活用水和垃圾会提高地下水某些化学成分的含量，比如总硬度、总矿化度、氯化物和硝酸盐，甚至会形成有病原体污染。工业所形成的各种废弃物也会提高地下水的有机、无机化合物的成分含量。农民施肥时所用的各种肥料，也会从某种程度上提升地下水中的硝酸盐含量。相对而言，农药不会对地下水产生太大的不良影响，且作用对象通常是浅层地下水。农耕活动从一定程度上来看，还可以加快土壤中有机物和氧气作用的过程，如有机氮氧化为无机氮（主要是硝态氮）。总的来看，以下的几个因素是造成我国地下水污染进一步恶化的原因。

1.3.2.3.1　不断入侵和倒灌的海水

何谓海水倒灌，就是海水入侵淡水含水层的自然现象。过度开采地下淡水是导致海咸水入侵的重要因素。一旦我们肆意地开采地下淡水，就会打乱岛屿或者滨海中海水—淡水界面的平衡。在北方的部分沿海省份，自20世纪80年代以来，频繁出现的旱潮和较低的降水量导致地下水处于严重不足的状况。人类从事生产和生活所需的水日益增加，也导致了地下淡水的供给和需求的严重不平衡，最终形成了海水入侵的现象。

1.3.2.3.2　工业污染

众所周知，工业"三废"（废水、废气、废渣）是导致地下水污染的主要原因之一。工业上所产生的废水，如电镀废水、酸洗污水、冶炼废水、轻工业废水和石油化工有机废水在没有人为的清洁处理之下，直接排放到了海河湖泊、城市的下水道，甚至还会排放到各式各样的水沟里，这些行为使得地下水污染加剧。

1.3.2.3.3　农业污染

通常，农业行为也会对地下水产生一定的污染，农业生产过程中所产生的剩余农药、化肥、肆意丢弃的动植物尸体和不合规范的随意灌溉都会影响到地下水的水质，使其进一步恶化。其中最主要的是 NO_3-N 的增加和农药、化肥的污染。

根据有关数据显示，我国的农药平均使用量已经严重超出了国际所规定的安全上限，甚至是这个安全标准的两倍左右。农药的利用率特别低，只有30%~40%，使得农村的地下水和地表水都受到了严重的污染。

我们可以很简单地分辨地表水的污染问题，因为这些都是人类肉眼容易看见的东西，可以更好地引起人类的注意。地下水污染的识别情况远没那么简单。第一，地下水特殊的地理位置，它通常处于岩层和土壤深处，一旦污染源进入到地下，因为地下水层的缓慢运动，如果不实行频繁的测度，一般很难发现污染问题，客观地掩饰了很多内在的东西。第二，地下水不易进行自我净化和自我更新，哪怕是遭受了污染，这种污染通常都是不可逆的。第三，现如今的科技水平还不足以达到百分之百的净化地下水的目的，另外从成本的角度考虑，这种净化技术的费用是相当昂贵的。据相关媒体称，20世纪中期，日本就花费了800万亿美元在地下水的治理上，可见成本之高。

1.3.2.3.4 生活污染

一方面，伴随着经济的发展，越来越多的金属、塑料和电池这些不可分解的垃圾频繁出现；另一方面，相关部门的管制不够严格，导致了垃圾和生活用水的胡乱排放情况越来越严重。这些所谓的生活垃圾在地表被不断冲刷，就会逐渐渗入地下，从而导致地下水的进一步污染和恶化。

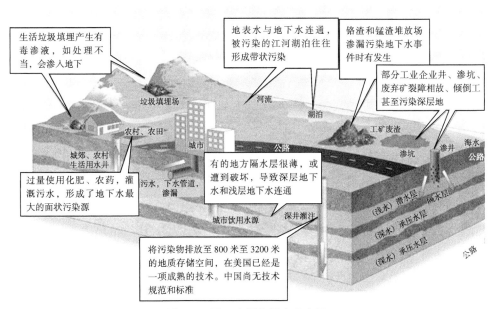

图1-6　地下水污染元素示意图

此外，按照污染源可将地下水污染源分为自然污染源和人为污染源。自然污染源主要包括海水、咸水、含盐量高及水质差的其他含水层地下水进入开采层；人为污染源主要指生活污水、垃圾填埋、工业废弃物、农药化肥等。

1.3.2.4 地下水污染的危害

地下水的情况和地表水不同，一旦遭受污染，后果就不堪设想。通常的自然污染，例如氮和磷的污染，都是很容易进行处理的，花费也不多。但那些难降解的致癌物质，如砷和多环芳烃、汞等，处理这些物质的花费极高，且面临着极高的运输风险，这些剧毒物质本应该运送到特殊的填埋点进行特殊的处理，可有些无知的企业却随意地将它们排放到了地下，这也导致了我国大部分城市地下水污染。

随着社会的发展，人口也在相应地增多，这些客观事实的背后却隐藏着水资源水资源污染的日趋严重。我国大部分城市都是在各大平原开采地下水，近些年，地下水水位已经呈逐年下降的趋势，还形成了大小不一的地下水降落漏斗，其中心的地下水位已下降几十米之深。我们的行为对地下水产生的影响已经越来越明显，肆意地开采地下水和地下水不断遭受污染是相辅相成的，最后会导致一种恶性循环，而这种恶性循环从某种程度上讲，已经严重地危害到了我们生存、发展的环境以及我们的身心健康。

1.3.2.4.1 污染致疾病发生

现代医学已经证明，人类的很多疾病大部分和水质有牵连，生活垃圾、污水、农药类等废弃物中的有毒物质，在地下水的直接作用下，进入食物链系统，一旦地下水或者被污染的动植物食品进入人的身体，就会对人的身体产生一系列不良影响，甚至是疾病。在我国，极大一部分城市是以地下水为主要饮水源，尤其是在华北地区，对地下水的依赖程度更高，饮水源的87%来自地下水。当人们饮用了被污染的地下水，健康就会受到损害，即使没有直接饮用，有害物质也可以通过瓜果蔬菜进入我们的身体，这种潜在效应也是不容忽视的。

根据全国城市饮用水安全规划的相关报告显示，这份由国家发改委、原建设部、卫生部、水利部和原国家环保总局五个部门联合发起的调查中，在全国的大部分城市地下水水源中，以单因子评价法为标准，有近40%的城市地下水饮用水源地的水质低于相关的卫生标准，受影响的人口极广，主要超标因子包括硬度、铁、氟、锰、矿化度、氨氮和高锰酸盐指数等，一些城市甚至出现"三致"（致癌、致突变、致畸）污染物。

1.3.2.4.2　污染致饮用水危机

2014 年，全国总供水量为 6095 亿立方米，占当年水资源总量的 22.4%。其中，地表水源供水量为 4921 亿立方米，占总供水量的 80.8%；地下水源供水量为 1170 亿立方米，占总供水量的 18.3%；其他水源供水量 57 亿立方米，占总供水量的 0.9%。很多地方的水污染已经严重影响到公共水安全。

1.4　水资源问题的环境、社会影响和经济损失

在我国，水资源稀缺问题和水污染问题给社会发展和环境带来了很多困扰，甚至导致了国民收入的减少，最终影响了人类社会的和谐、有序发展。

水资源的不断减少已经让水体正常的生态功能日益降低。因为人类肆无忌惮地开采水，北方很多河流连基本的生态和环境流量都无法满足。例如，在旱期，黄河成为了主要的取水源，河水还没有融入大海，就已经枯竭。在 20 世纪 90 年代，海河和黄河三角洲的水流量比冲刷泥沙和保持河口及沿海环境所需水量大约少 150 亿立方米。这些河流低流量的持续时间从 20 世纪 90 年代的 40 天延长到 1997 年的 2000 天。直到最近几年，国家采取了相关政策措施，这种情况才有所改善。

地下水的不断耗尽还源于我们不加节制的对水造成污染。在我国，开采地下水的量已经超过补充量 280 亿立方米，这降低了地下水水位，导致了地下水的枯竭，严重的结果是使得很多城市处于下沉的态势。在我国北方六区，2014 年总供水量为 2780.2 亿立方米，其中地下水供水量为 989.3 亿立方米，占总供水量的 35.6%。在松花江区、辽河区、海河区、黄河区地下水供水量占总供水量的比率都非常高，在海河区高达 60% 左右。为补足地表水供需赤字，我国北方地区越来越依赖于地下水的供应（见表 1-3）。

不断耗尽的地下水是导致湿地和湖泊干涸的重要原因，同时也是提升盐度的重要原因。为什么地下水盐度会升高，就是因为海水的入侵，或者地下水水位的下降，地下水水质被深层地下水和浅层地下水中间的微咸水替代。在很多地方，

表 1-3　2014 年我国水资源一级区供用水量

水资源一级区	供水量				用水量					
	地表水	地下水	其他	总供水量	生活	工业	其中：直流火(核)电	农业	生态环境	总用水量
全国	4921	1117	57	6095	767	1356	478	3869	103	6095
北方六区	1750.5	989.3	40.3	2780.2	259.4	326.8	39.6	2126.9	67.1	2780.2
南方四区	3169.9	127.7	17.1	3314.7	507.2	1029.3	438.7	1742.1	36.1	3314.7
松花江区	288.5	218.6	0.9	507.9	29.8	54.7	13.7	414.7	8.8	507.9
辽河区	97.7	103.7	3.4	204.8	30.2	32.6	0.0	135.7	6.3	204.8
海河区	132.9	219.7	17.8	370.4	59.3	54.0	0.1	239.5	17.6	370.4
黄河区	254.6	124.7	8.2	387.5	43.1	58.6	0.0	274.5	11.3	387.5
淮河区	452.6	156.4	8.3	617.4	81.2	105.9	25.8	421.0	9.3	617.4
长江区	1919.7	81.3	11.7	2012.7	282.2	708.2	363.4	1002.6	19.7	2012.7
其中：太湖流域	338.2	0.3	5.0	343.5	52.8	206.6	162.0	81.9	2.3	343.5
东南诸河区	326.9	8.3	1.4	336.5	63.9	115.1	16.5	150.2	7.3	336.6
珠江区	824.6	33.1	3.9	861.6	152.6	196.1	58.8	504.6	8.3	861.6
西南诸河区	98.7	5.0	0.1	103.8	8.6	10.0	0.0	84.6	0.7	103.8
西北诸河区	524.4	166.3	1.6	692.2	15.8	21.0	0.0	641.5	13.8	692.2

根据相关监测表明，在过去的几十年里，微咸水入侵达到了 0.5~2 米。沿海的很多地方就已经发生了此类的现象，所涉及的范围相当广。

一旦地下水枯竭，就会给蓄水层造成压力，从而使得地面下沉。北京、上海等很多城市就出现了地面下沉的现象，这不仅仅会对房屋和桥梁产生不利影响，严重的话还会导致建筑物坍塌。一旦地面下沉，就会影响防洪能力以及排水能力，最坏的结果是导致城市洪涝灾害频繁发生，一旦发生就会不堪设想。另外，不断下降的地下蓄水层也不利于城市的蓄水功能，削弱蓄水层作为应对旱年的战略储备的能力。在一些地区，蓄水层的破坏已经在加剧干旱和荒漠化造成的影响。

不仅如此，水污染对全社会的不良效益中，最不容轻视的一项就是与水污染相关的一系列疾病，这和人类的健康是息息相关的。在一个全国性水污染调查中，我国有 1/4 的饮用水源未达到相应的安全标准。单单从农村看，就有差不多 3 亿人口使用的是不安全水质，其中，有 1.9 亿人饮用的水里面有大量的有害物质，一部分人的饮用水含氟量超标，而另一部分人的饮用水甚至是咸水。一些研究发现，饮用水中大肠菌群含量与腹泻的发病率显著相关。因为长期饮用不安全水质，儿童腹泻的频率和原来相比提高了 1/4。我国的癌症死亡率，主要集中在胃癌和肝癌，远远高于国际水平，这种情况在农村更为严重，不仅仅是胃癌和肝癌，还有膀胱癌的死亡率也相当高。而且，地下水是人类的"生命之水"，一旦遭受污染，治理需要千年的时间。因为长期饮用地下污染水，使得一个个村庄变为了"癌症村"。

从经济的角度看，水污染会给我国经济带来不可估量的损失。据 2013 年的有关数据显示，农村居民因为长期饮用不安全的水质，从而发生腹泻和癌症等疾病，最终引发的死亡成本高达 1000 亿元，是当年 GDP 的 0.5%。事实上，这些数字都是保守的数字，由于水污染所导致的健康问题远远不止这些，还有一些化学污染，也是由水污染所致，因为未建立相关的系统来反映这种关系，因此很难估计出水污染对经济的确切影响。

农产品的减产也是水污染所造成的重大损失，也是需要我们引起重视的问题。在我国，有大约 450 万公顷的土地是用污水灌溉的，占总灌溉面积的 1/10 左右，北方地区是主要的污水灌溉集中地。正是因为污水的灌溉，使得农产品不断减产，质量也大不如从前，甚至还严重地影响了土壤的质量。相关统计表明，水污染对农产品造成的经济损失高达 800 亿元。

不管从哪个角度分析，水污染都影响着我国经济、社会的和谐发展。上面所描述的情况充分证明，由水资源问题所引发的外在损失极大，一半来源于水资源的过度开采，另一半则来源于水资源遭受污染。这些损失的估计量和真实的损失相差甚远，还有很多损失尚未列入我们的计算，比如居民和企业用于处理水污染所花费的金钱，水体富营养、湖泊河流的干涸所导致的环境问题，这些成本和损失都很难通过量化的方法进行统计和计算。总而言之，因为水污染带来的真实损失远比统计数据显示的要高得多。

第 2 章　我国跨界水污染问题研究

2.1　什么是跨界水污染

2.1.1　七大流域

流域是江河湖泊及其汇水来源各支流、干流和集水区域的总称，是对河流进行研究、开发和治理的基本单元。我国存在七个大的河流流域：长江、黄河、淮河、海河、珠江、辽河、松花江。七大流域水资源量的总体情况如表 2-1 所示。

表 2-1　我国七大流域水资源量

单位：亿立方米

水资源一级区	面积 (万平方公里)	降水量 (mm)	地表水 资源量	地下水 资源量	水资源 总量
全国		622.3	26263.9	7745	27266.9
长江区	180	1100.6	10020.3	2542.1	10150.3
黄河区	79.5	487.4	539	378.4	653.7
淮河区	26.5	784	510.1	355.9	748
海河区	26.4	427.4	98	184.5	216.2
珠江区	44	1567.1	4770.9	1092.6	4786.4
辽河区	23.6	425.5	167	161.8	239.7
松花江区	54.9	511.9	1405.5	486.3	1613.5

资料来源：2014 年中国环境公报。

从水资源总量来看，七大流域占全国水资源总量的 67.5%，地表水资源量占比 67.2%，地下水资源量占比 66.7%。从降水量来看，长江区、淮河区、珠江区这三大区的降水量都高于全国平均降水量。所以抓住了七大流域的水资源问题就能够把准中国总体水资源问题的脉络，解决了七大流域水资源问题，就解决了中国总体水资源问题。但是，七大流域却是横贯多个地区和省份的，和我国的行政区域划分根本不是相对应的，我们可以看到几大流域几乎都是跨省行政区而分，其中长江流域跨度最大，流经青、藏、川、滇、渝、鄂、湘、赣、皖、苏、沪等11个省、自治区、直辖市，支流延至甘、陕、黔、豫、浙、桂、闽、粤等8个省、自治区。其次是黄河流域，流经青、川、甘、宁、内蒙古、晋、陕、豫、鲁等9个省、自治区。珠江水域地跨滇、贵、桂、粤、湘、赣以及港、澳8个省、自治区和特别行政区。淮河流域则流经豫、皖、苏、鲁4个省。海河流域地跨京、津、冀、晋、豫、鲁、蒙等7个省、自治区、直辖市。

2.1.2　跨界水污染

跨界污染是指污染在某一特定区域发生后，由于其污染源的特殊性，危害不仅仅在本区域，还会影响到与本区域相邻的区域，甚至可能出现污染转移。跨界污染的主要特点是外部性，污染区域不是唯一的受灾区，非污染区域可能也会遭到危害。这种污染的特殊性，导致治理上的难度加大。

顾名思义，跨界水污染是跨界污染的一种。由于水的特质，无法阻止水的物理流动，导致一个行政区出现水污染，则下游行政区必定遭受污染。根据《中华人民共和国环境保护标准 HJ525-2009》规定，跨界水污染是指金属及金属化合物、非金属无机物、油类，其他有机污染物和其他污染物在某一行政管理区域中大量排放，随水的流动而影响到另一个区域的现象。河流所能遍及的地方往往绵延千里，伸展面积也可以从东到西、由南向北，所以一旦出现上游水污染，水污染的链条就会打开，而难以合上。

2.2　我国跨界水污染形成原因分析

2.2.1　水资源特性分析

水的流动性为跨界水污染提供了客观理由。水资源在常态下的自然属性就是液态，液态就有很强的流动性，能够自发地从地势高的地区向地势低的地区流动。常言"水往低处流"就是说由于地心引力的作用，水会从高势能的地方往低势能的地方随意流动，并据此形成常见的河流大川，各种径流和支流。这种流动性几乎是无法阻止的。前文已经有过说明，我国有七大流域，主要横穿几个行政区。水的这种天然属性致使跨界水污染发生。

2.2.2　外部性分析

外部性在经济学上的定义是一个经济体为其他经济体带来利益或者损害时，没有为此得到补偿或者付出代价。从外部性的定义中可以看出外部性应该是分为正外部性和负外部性的。给其他经济体带来利益的外部性称为正外部性，给其他经济体带来损害的则称为负外部性（也称为外部不经济）。从现代经济的基本观点来看，所有的理性人都是利己主义，只为自身利益最大化思考。这种假设就会形成一种 "$1+1<2$" 的局面，各人为了自己的利益最大化而导致整体利益较小化，并且最终自身利益也没有最大化。在自由市场上这种情况是普遍存在的，而由于市场这种资源配置方式的特殊性，是不可能由市场来发现并且防止这种外部性伤害的。同理，如果经济体给其他经济体带来利益也不可能通过市场来弥补它的付出。市场在外部性问题失灵。在现实情况中，负外部性会远远多于正外部性。最为典型的是企业向大气中排放污染尾气，向江河湖海中排放污水。图 2-1 显示的是在外部性存在的条件下，企业的生产数量和实际社会需要的数量之间的矛盾。

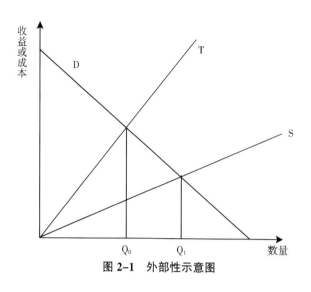

图 2-1　外部性示意图

在图 2-1 中，D 代表企业边际收益曲线，T 代表社会边际成本曲线，S 代表企业边际成本曲线。若企业不进行生产，就不存在污染，社会就不会为了治理污染而付出额外的成本。而一旦企业生产的数量不为零，那么就会存在污染。社会就要为了忍受或者治理污染而付出额外的成本，但是企业却不用为此而担忧。当企业生产的数量越来越多时，社会所要付出的成本就会越来越大。所以两条边际曲线的距离也会越来越大，从社会均衡的角度来看，最优的企业生产数量应该是 Q_0，而从企业利润最大化角度来看，则是 Q_1，多出来的均衡数量部分，其实就是企业本该要付出的成本。

在我国当前的区域水污染当中，其实就存在这种外部原因造成的水污染。流域水环境不可分割，但是人为行政区划却使这种整体性被打破。与此同时，一些行政区因为与生俱来的地理优势，可以不用为污染付出额外的成本，而把这种成本转嫁给下游其他区域。2001 年江浙交界水污染引发的筑坝事件，2003 年山东薛新河污染导致江苏徐州市停水，2005 年松花江重大跨界水污染事故，浙江庆元和福建松溪之间的水污染纠纷，河北承德、张家口和天津之间的水污染纠纷，海河流域漳卫南运河地区污染纠纷，2013 年山西长治苯胺泄漏事故导致河北邯郸市污染的纠纷，2011 年和 2013 年发生的广西贺江污染广东用水纠纷等。这种种纠纷的背后就是利益的收获和成本的转嫁。再加上我国当前的行政体制本来就是一种"锦标赛"的机制，省与省之间、市与市之间存在的关系是竞争关系，虽然行政效率可能提高了，但是牺牲了整体协作能力。

2.2.3　产权分析

物品的交换是以使用权的转移为基础的，产权清晰与否关系到市场经济秩序能否正常运行。产权明晰能够让外部性问题内部化，把本来无法计量甚至是看不清楚的外部性成本或者收益可视化。产权制度的存在可以有效地降低市场的信息风险、道德风险，提高主体对于未来的预期准确程度，降低市场的交易费用。产权制度的存在能够让正向外部性得到发扬，而让负向外部性得到应有的抑制。一方面激励人们出于利己动机发现和实践正向外部性；另一方面警醒人们对于负向外部性要小心谨慎。产权的主要内容有主体对于资源的所有权、使用权、转让权以及收入的享用权。

一个有效率的产权制度至少要有以下几个特征：①普遍性。一切资源都是归私人所有，而且资源的产权明确没有任何争议。②排他性。由资源带来的利益以及由此产生的成本都是资源拥有者的，如果拥有者把资源以各种方式进行售卖，那么这种权利也随之转移。③转移性。资源拥有者可以在自由市场上对资源的使用权、受益权、拥有权进行出租或者出售，转移给其他人。④强制性。和居民的其他财产权一样，产权也应该受到法律强制力保护，不受他人侵犯。但是，一些特殊的自然资源却由于特殊属性，往往很难界定产权。如水资源，并不适用普遍性和排他性，它是公用性质，水权的分配也极其困难乃至无法区分。

在产权界定不明确的情形当中，有两种典型的情况：一是"公地悲剧"，由于无法明确界定产权归属而导致的资源被滥用和糟蹋；二是"反公地悲剧"，由于产权界定时，归属于太多人导致过犹不及的表现。下面一一分析。

2.2.3.1　"公地悲剧"导致跨界水污染

所谓"公地"，就是指产权不是完全属于个人的公共资源，比如地下水、自由放牧的草地。这种自然资源并不需要任何加工或者少量加工就可以使用，并且由于无法界定产权或者界定成本过高而不去界定。产权的界定不完善，这种公共资源又不能正确地排他，导致最终的结果就是对公共资源的过度开采和使用而使资源过快地枯竭。通过下面这个模型可以让我们对"公地悲剧"式的水污染更加清楚明白。

假设一条公共资源的河流，在岸边有 n 个同质的企业（企业生产函数相同），企业单独决策自己的产量，而不知道其他企业的产量。设企业 i 的产量为 q_i（i = 1，2，3，…），则整个河流所接受的总污染量为 $Q = \sum q_i$，每个企业的决策为 $S_i = S(q_i)$，存在一个排污收益函数，也就是排污一单位则能够收益多少，设 $R = R(Q)$，河流有自身的最大承载量 Q_{max}。则 R 函数应该遵循的条件如下：

$$R = \begin{cases} R(Q)，当 Q \leq Q_{max} 时 & (2.1) \\ 0，当 Q \geq Q_{max} 时 & (2.2) \end{cases}$$

此外再假设企业的成本为不变成本 c，从而可以算出利润取数 π_i。

$$\pi_i(q_1, q_2, q_3, \cdots) = q_i^* Q - q_i^* c \quad i = 1, 2, 3, \cdots, n \tag{2.3}$$

从而可知最优的条件为：

$$i = 1, 2, 3, \cdots, n \tag{2.4}$$

$$\frac{\partial \pi_i}{\sigma q_i} = R(Q) + q_i R'(Q) - C = 0$$

从上式中我们可以得到 n 个反应函数：

$$q_i^* = q_i(q_1, q_2, q_3, q_4, \cdots, q_n) \tag{2.5}$$

由于：

$$\frac{\partial^2 \pi_i}{\partial q_i^2} = R'(Q) + R'(Q) + q_i R'' < 0 \tag{2.6}$$

$$\frac{\partial^2 \pi_i}{\partial q_j \partial q_i} = R'(Q) + q_i R'' < 0 \tag{2.7}$$

所以最后我们可以得出：

$$\frac{\partial q_i}{\partial q_j} = -\frac{\partial^2 \pi_i}{\partial q_j \partial q_i} \div \frac{\partial^2 \pi_i}{\partial q_j^2} < 0 \tag{2.8}$$

从式（2.8）中可以很清楚地看到一个企业的最优排污量和其他企业的排污边际量是负向关系。而经济学所常用的纳什均衡点为：$Q^* = \sum_{i=1}^{n} q_i^*$。

（此处的表示所有企业的排放量，只是在基于单个企业的利益考虑时）

若对 n 个一阶条件方程相加，则可以得到所有企业的最优排放量。

$$R(Q^*) + \frac{Q^*}{n} R^*(Q^*) = C \tag{2.9}$$

从整个社会的最优目的出发，就是要使 QR(Q) - Qc 最大化，则其最大化的条件之一就是：

$$R(Q^{**}) + Q^{**} R'(Q^{**}) = C \tag{2.10}$$

对比式（2.9）和式（2.10），我们可以看到社会最优排污量是小于企业得出的最优排污量的。这可能是因为企业出于利己思维的影响，其计算的私人边际成本其实只是计算的对自己有利的一部分，而整个社会的边际成本又不仅仅是每一个企业边际成本的加和。对环境的影响，对生活品质的影响，都可以算在社会边际成本当中。

通过上述模型的阐述，可以清楚地了解水资源污染的经济内涵。企业之间的博弈其实只会让整个情况更糟，而且远远没有达到帕累托最优的改进。水资源本身就是很典型的公共品，企业从自身的角度出发，排污到河里并且不用为此支付更多的成本，本身就是有利于企业发展的，所以企业会为此不遗余力。然而，每个企业都采取这种最优策略的结果是对水环境的无情污染，水质变坏变臭，水中的微生物失去生存的条件，严重影响居民生活质量。

2.2.3.2　"反公地悲剧"加剧跨界水污染

从上文看出，"公地悲剧"产生的主要原因是产权不明，各方为了使己方利益最大，做出的最优策略就是毫无节制地使用资源，结果造成过度的开采使用和无法逆转的污染。因此，治理"公地悲剧"的方法之一就是加强管理。由于我国的体制原因，并不会真正地出现把某一条河、某一片地的产权归属于私人这种制度，公共资源的产权在国家和集体。这个时候要想治理"公地悲剧"的唯一方法就是依靠政府管理。因为水资源的公共品性质，即使是在政府管理部门之间进行权责的划分也极为困难，因为对于水资源进行管理的部门太多，导致对于水资源的使用可能不足！这是因为，单一的部门都会为了自身的产权考虑而制定相关的准入制度，而如果把这些单一部门的制度统一在一起的话，可能就把所有的准入人员都排除在外。在我国的太湖流域就存在这种情况。"反公地悲剧"的特征主要表现在以下几个方面。

（1）水资源管理者众多。在我国当前的资源管理体系当中，水资源属于多个部门管理，如水利部门、电力部门、农业部门、林业部门、水产部门以及交通部门。如此众多的管理部门，一来不同部门的制度之间可能出现制度和制度的冲突，二来不同部门之间的协作能力相当弱。

（2）管理部门的权责不相符。有些部门能够对水资源进行管理，但是它没有保护水质的义务和责任，而有些部门对水污染有治理的义务却没有行使相应权力的权力。理论上来讲，水利部作为国家统一管理水资源的部门，应当承担起对水污染治理的责任，但是由于不同省份之间缺少相互合作的思想，并且还存在竞争关系，所以不同部门之间就更难以协调和合作。

对于"反公地悲剧"的治理方法就是对分散的产权进行集合，如此一来就能够让原先不能明确的权利和责任明朗化。但是又不能把庞大的水资源管理权只归于一个部门，因为用水量大，管理成本高，如果一个部门或者一个区域进行管理，势必面临成本过高，甚至出现管理上捉襟见肘的局面，而这些都不是理想的状态。

2.2.4　产业结构分析

在改革开放初期，我国为了经济的快速增长而相应地牺牲了一部分环境和资源，但是我国的经济不可能依靠这种资源浪费型发展方式来发展，人民群众也开始追求更高层次的需求。由北京雾霾引起的全民对于生存环境的讨论，说明环境再也不是让位于经济的一个地位。为了应对日益严峻的环境和资源问题，同时是为了应对国际上的环境保护壁垒，我国提出了建设环境友好型、资源节约型社会，"十八大"更是把生态文明建设归入和经济建设、文化建设相一致高度的"五位一体"的战略地位。

表 2-2 反映的是我国近 10 年来的经济增长和废水排放量，以及产业结构的组成。从表中我们可以很明显地看到，第三产业在我国国民生产当中所占的比重

表 2-2　产业结构和废水排放量

年份	国内生产总值(亿元)	第一产业		第二产业		第三产业		废水排放量(亿吨)
		(亿元)	(%)	(亿元)	(%)	(亿元)	(%)	
2003	136564.64	16968.32	12.43	62120.77	45.49	57475.55	42.09	459.3
2004	160714.42	20901.79	13.01	73529.83	45.75	66282.8	41.24	482.4
2005	185895.76	21803.52	11.73	87127.33	46.87	76964.91	41.40	525
2006	217656.59	23313	10.71	103163.45	47.40	91180.13	41.89	537
2007	268019.35	27783	10.37	125145.42	46.69	115090.93	42.94	557
2008	316751.75	32747	10.34	148097.88	46.76	135906.87	42.91	572
2009	345629.23	34154	9.88	157850.1	45.67	153625.13	44.45	589.1
2010	408902.95	39354.6	9.62	188804.92	46.17	180743.43	44.20	617.3
2011	484123.5	46153.32	9.53	223390.27	46.14	214579.91	44.32	659.192244
2012	534123.04	50892.69	9.53	240200.37	44.97	243029.98	45.50	684.7612
2013	588018.76	55321.71	9.41	256810.01	43.67	275887.04	46.92	695.44327

资料来源：中国统计年鉴。

越来越大，而第二产业的比重则有所下降。在废水排放量一列中可以看出，废水排放量呈逐年上升的趋势，虽然增长幅度越来越小，但是总量依旧比较大。

2.3 我国跨界水污染治理困境

2.3.1 我国传统水污染治理模式

跨界水污染的治理是一个世界性的难题。当前我国治理跨界水污染的模式是：决策有两个主体，实施机构则是属地治理。我国当前的流域水污染治理的决策机构是水利部和环保部。水利部主要负责对水资源的管理，而环保部则和交通部门、卫生部门、农业部门、林业部门共同负责水污染的防治。我国目前有七个流域管理机构，但是这些管理机构并不能对流域水的治理工作行使任何决策的权力，主要的决策机构是水利部和环保部。而这两个部门的工作目标和利益并不是一致的，侧重点也有所不同，所以导致决策过程具有缺陷。对于跨界水污染的治理实践，从我国政府的治理经验来说是少之又少的，大部分的治理工作属于属地管理。一个辖区的管理只能对一个辖区产生作用，无权对其他辖区进行管理。这样一来，上游管理部门就会对上游的企业采取放纵的政策，因为对上游的负面影响几乎为零，而下游的辖区却通常是反对最为激烈的。并且由于行政区域划分的历史问题，对一些边界的水污染问题的界定也是一个难题，地方政府常常相互推诿，不愿承担责任。

2.3.2 我国传统水污染治理模式的缺点

2.3.2.1 地方保护主义抬头

企业是一个地方经济发展的主要动力，在以前官员晋升一切靠 GDP 说话的政绩考核体制下，企业是地方政府极度拉拢的对象。我国水污染的主要源头就是工业企业，而恰恰是工业企业的创收能力特别强。在地方经济发展和官员自身晋升的诱惑下，地方政府的选择往往就是为了保护本地的企业而牺牲水资源。一旦一个地区的政府选择了这种相对占优的策略之后，就会形成"多米诺骨牌效应"，下游地区作为受害区域也会采取这样的占优策略，最后形成的局面就是没有地方政府会把水污染治理放在工作重心，所有地方政府都为了经济而不断引进企业。

2.3.2.2　治污效果差

在传统的水污染治理模式下，中央政府有心无力，地方政府有力无心，甚至出现地方政府对中央政府的政策阳奉阴违的现象。水污染现象一旦出现将会对很大范围内的居民产生严重影响。即使是单纯的水污染治理已经十分困难，更何况是跨界的水污染治理。在这一方面，我国治理的效果相当不好。目前，我国未经过处理的污水直接排入江河的现象非常普遍，而环保部门的不作为现象更是让人们对政府的信任降到了极点。各地出现的"请环保局长下水游泳"现象正是这种不信任和愤怒的集中休现。

2.3.2.3　区域差异未得到充分考虑

由于一个流域的跨度比较大，所以导致跨界水污染的治理很可能会面临不同的地理环境、经济环境和人文社会环境。这些不同的因素都应该在水污染治理过程当中得到充分的考虑。如果还是采用统一的方法，很可能让经济发达地区受益或者让欠发达地区受益，又或者让高地势地区受益，也可能让低势地区受益，都会有违公平公正处理问题的原则。

此外，除了地区性差异，区域之间的合作也不够紧密。在治理跨界水污染这件事情上，合则双赢，斗则俱伤。但是由于利益的冲突，当前我国的治理办法又主要是属地分制的割据治理，这常常会使两个不同的行政区域之间产生较大的矛盾和争论，区域的合作更是难上加难。

2.4　我国跨界水污染治理的对策

2.4.1　加强规制主体合作

跨界水污染治理的难题之一就是责任主体不明确，所以为了解决这个问题，我们建议从以下几个方面入手。

2.4.1.1　加强中央政府和地方政府的合作

中央政府和地方政府的关系其实是中央政府和省级政府的关系。在治理跨境水污染问题时，中央政府和省级政府其实都是理性人的思维，他们之间在一些利益问题上能够达成一致，但是也有一些问题并不能达成一致。从我国多年治理跨境水污染的实践当中可以看出，中央政府和省级政府之间未能亲密地合作是造成我国水污染治理低效的深层次原因。从表面上看，是省级政府出于自身利益考虑而对中央出台的相关政策要么打折执行，要么束之高阁，中央政府的权威受到挑战。

中央政府和省级政府的关系应该有两面性：一方面中央政府要保持权威。在一些大是大非问题上和一些关键问题上，中央政府能够凝结全国之力来解决。中央政府必须保证能够充分地调动各方的资源以维护权威。另一方面是激发省级政府的积极性。治理水污染不能仅仅依靠中央政府的力量，而应该以中央政府为指导中心，各级政府积极参与，并且利用自己的自主权来制定和执行符合地方特色的政策法规。可以从下面几个方面来构建中央政府和省级政府之间的正确关系。

2.4.1.1.1　合理利用地方首长环境问责制

从历史的发展规律来看，中央政府和地方政府是朝分权—高度集权—合理分权这个方向发展的。地方政府的环境政策应该是以中央政府的环境政策为基础的。中央政府的环境政策主要是从宏观层面来制定，而地方政府的环境政策就要从执行层面来制定。《中华人民共和国环境保护法》规定："地方各级人民政府应当对本辖区的环境质量负责。"从这条法律可以看出，我国地方政府是有义务和责任进行环境质量改善的。而事实上，当前为我国地方环境事件负责任的却是地方的环境保护局。地方政府在这一方面的责任完全地转移到了地方环保局。地方政府的这种不作为行为，导致我国环境规制难以收效、水污染难以遏制。

中央政府需要对地方政府表达强烈的保护环境的决心，应该建立地方环境首长负责制。在我国，地方行政长官的权力和责任其实并不对等，权力远远大于责任，特别是在环境保护问题上，常常面临责罚的是地方的分管部门，而事实上，地方引进相关企业，或者相关企业进行相关业务，其实都是在地方首长的同意之下执行的，而地方分管部门根本就没有这个权力。把没有权力监督的部门作为首要负责任的对象并不符合现代社会的权责发生制思维。政府是公共品的主要提供者，而水资源作为典型的公共品，政府理应为水资源的提供负责，而且不只是单一的分管部门，而应该是地方政府一把手作为总领导、总负责人。

实行环境地方政府首长负责制也有法律基础为保障。我国《宪法》第 105 条明确规定："地方各级人民政府实行省长、市长、县长、区长、乡长、镇长负责制。"《环境保护法》和国务院《关于落实科学发展观加强环境保护的决定》明确规定："地方各级人民政府，应当对本辖区的环境质量负责，采取措施改善环境质量。""地方各级人民政府对本辖区环境质量负责，实行环境质量行政领导负责制。"在具体实行时，还要配套相应的强制措施。比如地方政府在年前就要做详尽的环境保护预算，年终的时候还要做决算，建立相应的环保审计，利用当前的大数据思想来办事；把环保一票否决制引入官员晋升制度当中，引导官员注意环境保护；对于首长负责制的监督要公开透明。

2.4.1.1.2 环保部门垂直管理

中央政府和地方政府由于目标不一致、信息不对称等原因，会产生相互冲突的行政动机。要想解决这一问题，比较合理的方法就是在经济上分析和在政治上集权。地方政府主要考虑的就是经济发展，而关于社会管理等政治性问题，则需要中央政府的垂直管理。在这样的背景下，地方政府就会有所作为，中央政府也不用把太多的精力用于对地方政府的激励和监督上，这是一个双赢的策略。

在流域水污染这个问题上，当前我国实行的主要管理模式还是地方和中央政府的双重领导，环保部门的各种资源都是归地方所管。也就是环保部门受制于地方政府的约束，几乎不能做到公平公正地处理环境问题。一旦发生污染事件，地方政府出于自身的利益考量，官员把私利凌驾于公利之上，而对环保部门多加阻挠。事实上，当前我国环保部门已经多次被媒体曝出在面对污染事件时，处理不力、不合理和不作为，严重影响了中央政府在治理环境方面的公信力。相关部门进行垂直管理是十分有必要的：一方面，能维持环保部门的独立性。一旦垂直管理实现之后，环保部门的行为就不再受到地方政府的约束，在地方发生污染事件后，有独立的执法权，能够保证客观、公平和公正。另一方面，有利于提高环保部门的执法效率。实行垂直管理后，相关资源的调配、人员的使用有很大的自主权，至少在环境保护问题上能够物尽其用、人尽其才。

2.4.1.1.3 建立"绿色 GDP"政绩考核机制

长期以来，对于地方政府的考核只注重 GDP 的增长，而对于软性的环境保护方面却没有相应的衡量指标。要想让地方政府发挥治理环境的积极性，最好的方法就是把环境加入到考核指标当中，树立官员正确的政绩观。

"绿色 GDP"指的是从传统的 GDP 基础上减去消耗的环境资源所得出的最终数字。虽然我国当前的 GDP 总量大，但是环境污染问题也很严重，环境污染的比例占我国 GDP 的 10%左右，这是相当高的比例。中科院可持续发展战略研究组提出用原材料消耗强度、能源消耗强度、水资源消耗强度、万元产值水资源消耗、环境污染排放强度、全社会劳动生产率六大综合指标来考察一个领导的工作，这样的想法是有其意义和价值的。事实上，我国某些经济发展好的地区已经试点把"绿色 GDP"发展纳入考核范围。2006 年深圳市政府提出的"和谐深圳评价体系"和 2007 年西安市政府《工作报告》中提出的"幸福指数"，这两者对于传统"硬性指标"和"软性指标"的区别已经没那么明显，在引入环保发展之后，经济指标和民生指标的重要性同样得到了重视。

2.4.1.2　加强地方政府和地方政府的合作

地方政府和地方政府之间的合作由于封闭性而很难达成。因为地方政府通常采用的组织形式是科层制管理制度，这种制度的缺点之一就是具有极强的机械性，机动性弱。并且地方政府往往只关注自己管理区域的环境问题，而不会关注其他区域的环境问题。另外，由于地方政府是一个"五脏俱全"的行政机构，所以也很难要求地方政府之间的合作。要加强地方政府和地方政府的合作，可以从以下几方面入手。

2.4.1.2.1　建立"流域政府"

财政联邦主义有一种观点就是政府的行政边界应该和它所提供的公共品的溢出范围相一致。具体到水资源的治理上，就是行政区域应该和我国的各个流域相对应。但是在我国当前的行政体制已经成熟的情况下，再来调整行政区域已经不太可能，那么可以建立一种虚拟的政府，只针对水污染问题进行执政的虚拟"流域政府"。"流域政府"在建制上是完全独立的，它是介于中央政府和地方政府之间的行政组织，主要负责在整个流域当中的资源配置和产业布局安排。

2.4.1.2.2　相互协调

跨界水污染的矛盾在于流域区域和行政区域相割据，不同的行政区域可能会产生不同的水污染效应。有的地方只享受水污染带来的正向经济效应，而有些地方却只是单纯地作为受害者，这就会加剧两者之间的矛盾，然而这种矛盾仅仅依靠两地政府之间的相互理解是不可能达成一致的，只有依靠一定的调解机制。我们把调解机制分两类：科层制调解和市场型调解。

科层制的调解主要是由上级机关的权威性来达成的。由于目前我国政府的组织形态就是上下级之间的安排，当地方政府和地方政府之间产生冲突时，可以让上一级机关组织出面进行调解。上级机关可以利用手中的信息优势、权威优势达到很好的调解效果。所以，在我国采用这种科层制协调方式不仅是高效的，而且也是必要的。可以组建类似"流域法庭"来专门应对此类纠纷事件，通过强大的权威和资源整合能力来解决不同地区之间的矛盾纠纷。

市场型调解是指通过市场的手段让地方政府和地方政府正确地解决纠纷。在跨界水污染治理中最大的问题就是负外部性应该怎么解决，如何让创造出这种负外部性的省份自己承担这种责任。市场型调解的思路就是对水权和排污权进行规范和指定，之后一旦再出现此类纠纷，只要拥有水权和排污权的地方政府就可以依靠市场的力量来解决矛盾。在政府和政府之间，政府和民间企业之间建立市场交易制度能够最有效地控制住水污染。

2.4.2 加强规制客体管理

2.4.2.1 企业的自律

企业和个人都作为"理性人"，追求的是个人利益最大化。但是在跨界水污染发生时，由于个人在影响力和能力方面都无法和企业相提并论，所以往往是企业不顾及个人的利益甚至是侵害个人的利益而单方面实行污染，个人被迫接受。企业和个人之间的这种水资源利益关系决定了只有通过企业之间的自律才能减轻水污染对于个人利益的损害，改善个人和企业之间的关系。企业的自律主要是通过企业之间组织的企业自律委员会达成的。企业自律委员会通过制定相关的制度条款来达到约束企业的目的。这种制度条款没有法律约束力，但是却是企业和企业之间、企业和个人之间的约定和承诺。作为"理性人"，企业考虑更多的应该还是企业的利益。那么企业的自律能否给企业带来利益，这是显而易见的。通过企业的自律可以给企业带来的好处有：①提高企业生产力，以适应更高的要求；②提升企业的社会责任履行能力，获得环保人士的青睐；③通过营造出的环境壁垒来阻止其他企业的进入，减少竞争；④避免因为环境问题而受到诉讼。目前主要有两种企业参加企业自律的意愿比较强烈：一种是大企业，因为大企业更注意企业形象，从而更注意企业的自律；另一种就是以前环境绩效并不好的企业。在环保动机上最弱的就是之前环境保护绩效突出的企业，这类企业因为之前就有过出色的业绩在短期内并不用担心不采取企业自律会损害企业形象。此外，在国际市场上还存在绿色贸易壁垒。我国一些环境绩效差的企业在出口产品到国际市场时，往往由于自身环境绩效表现差而被拒之门外。基于此，我国政府在治理环境问题时，要及时调整思维。当前国际竞争已经不仅仅对产品的最终成品有要求，还对产品的生产过程有要求。对于环境的保护，已经不单单是政府单方面有这个动力，企业也已经有这个压力和需求。政府在环境治理中已经不是一个单纯的管理者角色，而是一个协调者的角色。慢慢地引导企业发现环保需求才是政府的工作重心。

2.4.2.2　个人的自律

个人在整个跨界污染当中所能起到的作用并不大，但是如果每个人都做好的话，也可以为环境保护贡献很大的力量。个人在日常生活中要注意节约用水，提高节约环保意识。提高自己参政议政的能力，面对企业和政府的不同规定和做法，要能够维护自己的利益。能够行使好自己的权力，建议企业和政府改掉不好的做法。

2.4.3　构建流域水污染规制的理性公共行政体制

在我国，政府是规制跨区域水污染的重要主体，而我国政府的组织形式是科层制，这种科层制又不同于西方传统的科层制，并不是以理性为基础，并且权力大于法律。西方传统科层制虽然能够做到理性，但是在决策和执行政策时缺少机动性，难以满足现代化多变的情况。现代化的科层制是建立在高科技之下的新型组织，组织内部和组织模型都更加多样化、复杂化。

在治理我国跨界水污染时，首先要吸收的是我国传统科层制的优点——价值理性。在我国传统的为官之道中就是以德治为主，在治理跨界水污染时，涉及我国广大群众的利益时，就要把社会公众的利益放到首位。从我国多年的流域水污染的规制实践来看，就当前我国的行政体制而言，有必要对西方的现代科层制进行取长补短，吸取其合理合法的制度基础，又保留层级制度理性。在水污染的治理上，前者可以使中央政府的相关规则得到地方政府的响应和认同，地方政府会按照中央政府的指示来落到实处，这就是权威性的体现；后者可以保证各项规则措施在各级地方政府的执行之下，产生正面的效果。虽然现代科层制肯定有其不足之处，但是它的优点是适应我国现阶段的基本国情和发展阶段。事实上，在今后发展公共事务的过程中，我们依旧要保留科层制的优越性。在水污染的治理上，我们应该通过改良部分措施，以期做到明确的分工、清晰的权力和责任以及通常的政令几点。在高效完成科层制的基础上，尽量做到公平。

第 3 章　控制水污染

3.1　水污染控制面临的主要挑战

3.1.1　中央利益和地方利益冲突

在控制水污染这个问题上，中央利益和地方利益并不一致。中央希望地方加大力度进行水污染治理，不断出台文件进行指导和督促。但是由于地方有地方利益，特别是对于地处上游的地方来说，即使水污染了，地方也没有害处，因此地方政府就会不顾中央政府的利益而继续对中央命令阳奉阴违。如何破除中央利益和地方利益的冲突是控制水污染面临的最大挑战。因为地方政府是政策的执行者，中央政府只是政策的制定者。如果制定者的利益不能和执行者的利益保持一致，那么政策就不能得到落实。

3.1.2　经济利益和社会利益冲突

治理水污染势必会牺牲一部分经济利益。在牺牲的经济利益和即将得到的社会利益之间，如何权衡是控制水污染的另一个重大挑战。改革开放至今，我国都是以经济建设为中心，其他方面的利益让位于经济利益，我国官员的政绩也是依靠在地方的经济创造能力来衡量。然而随着我国经济的发展，国民对于生活质量要求越来越高，对于社会利益的关注也越来越多，社会利益已经和经济利益处于同等重要的地位。但是要想转变官员以经济为重的思想就显得比较困难。经济利益和社会利益的冲突将会是我国水污染治理当中的难点。

3.1.3 既得利益者的阻挠

在水污染治理时，总会有既得利益者，比如说一些上游地区和相关的企业。这些既得利益者会形成一个小团体来阻碍水污染治理的进程。既然要进行水污染的治理，那就不得不触动这些既得利益者的利益。如何减少既得利益者的阻挠，是我国水污染治理过程当中需要解决的问题。

3.2 国际经验

3.2.1 命令控制型政策

以美国为首的西方发达国家大部分采用命令控制型的政策来治理水污染。以美国为例，联邦政府负责制定污水的排放标准，各个州以这个标准为基准来严格实施。《联邦水污染控制法》中明确地指出了命令控制型政策的绝对领导地位，在该项法律中，对四项排放限度标准进行了细化，并且还建立了排污许可证制度，不同的污染物还有不同的许可证，不能混合使用。而英国则是通过国家流域管理局来治理水污染。在不同的流域都设有河流管理处，管理处的主要任务就是对水污染进行监测、收取排污费用以及维护基础设施，通过这种垂直的管理方式保持了流域管理机构的独立性、公平性和科学性。而日本则是通过中央政府和地方政府之间的协助来共同治理。中央政府制定大的政策方针，地方政府则坚决执行，同时地方政府又和中央政府是合作关系，并不是利益冲突的双方。法国设有六个不同的流域管理机构，分别对水污染规划决策和协调工作负责，内设理事会和委员会。

3.2.2 经济刺激手段

3.2.2.1 税收政策

有关水污染治理的税收政策主要有水污染税、地表水污染税和废水污染税三种。

　　法国从 1968 年就开始征收水污染税，每个流域都会设一个流域委员会和水利管理局，委员会的主要责任就是制定相应的税基和税率，而具体的征收工作则是水利管理局的事情。水污染税的课税对象为所有投放了污水的企业和个人，主要分为家庭和非家庭纳税人，两类纳税人的税率是不同的。针对家庭纳税人征收的水污染税主要以家庭用水为计算基础，以每一立方米水的附加值来体现。附加值的确定则是根据家庭所在城镇的人均排污量以及污染物种类。针对非家庭污染则采用阶梯排污费的方法。由不同的排污问题乘以不同的税率得出。此外，企业如果采用了装置污染物减排装置的技术措施，就可以得到相应的税收优惠。征收上来的水污染税的主要用途就是环保支出以及相应设备的更新。

　　地表水污染税起源于荷兰。1970 年，荷兰就颁布并且实行了《地表水污染防治法》，并且以此法为依据开始征收地表水污染税。地表水污染税的主要管理部门是水资源管理委员会。课税对象是任何向地表水排放污染物、废弃物或者有毒物质的企业和居民。和法国的水污染税同等道理的是，地表水污染税也是采用不同对象不同税率，排放的污染物耗氧量越高、重金属含量越高则相应的税率也会越高。此项税款的收入归属分为中央和地方。如果污染排放的是全国性的水系，那么征收对象的税收收入就会纳入中央所有；如果污染排放的是地方性的水系，则税收收入纳入地方所有。地表水污染税收收入实行专款专用，主要用于对水污染的治理以及净水设备的购置。为了鼓励企业主动净化水资源，政府还使用了税收优惠政策。企业如果使用了污染减排设备，就会从政府获得研发支出补贴。

　　德国政府在 1998 年开始正式实施《废水污染法》，并且同时开始征收废水污染税。各州自主征收，课税对象是向地表以及地下排放废水的企业和居民，并且只对排入水域的废水征收废水污染税，而不对排入污水处理厂的废水征收废水污染税。废水污染税的征税税率同样也是看废水的重金属含量等有害物质的含量进行科学界定。对于主动采用废水减排并且符合要求的废水排放处理企业给予税收优惠。

3.2.2.2　排污权交易制度

　　美国从 1986 年开始试行排污权交易制度，把排污权作为一种特殊的商品可以在不同的企业和个人之间进行交易，这是通过市场化手段来解决污染问题的一次创举。主要做法是首先由政府规定特定流域的最优排放量，然后对流域最优排放量进行分配，打包成一个个排污权合同给予企业一定数量的排污权。只要企业的排污数量少于排污权所规定的排污数量，就是正常排放，如果超出排污权规定的限量，就会被罚款，除非企业可以从其他地方买入其他企业或者个人的排污权。

3.2.2.3　环境基金

环境基金是环保资金的一种集资方式。目前，我国环保资金的主要来源只有政府财政拨款，虽然这样可以保证资金来源的稳定性和安全性，但是这样的资金金额并不会很大，而且受制于资金来源单一，环保创新难以实现。在国外，比较常见的环境专项基金机制可以用于解决全国性和地方性的污染。美国出现了生物股票基金和政府引导型投资基金，法国出现了河流水质控制基金以及日本的琵琶湖管理基金。此外，这种集资方式的比例在中东欧国家也开始加大，匈牙利、立陶宛等国家通过基金募集的资金已经占到环境总投资的20%，波兰的这一比例更是达到30%。加拿大从2001年开始设立了可持续发展基金，专门为环保清洁技术作资金上的支持。

3.2.2.4　环境污染责任保险

保险作为国家的"稳定器"，在国民经济方面发挥了重要作用。把保险引入环境保护，引入水污染治理，是用经济方法解决民生问题的探索。和普通保险一样，环境污染责任保险也分为强制险种和自愿险种以及两者兼有的险种。不同国家采用不同的保险制度。

美国的环境责任保险通常是强制性或者半强制性保险。其中水污染险是工程保险的一种，它以依法承担环境赔偿或者修复的责任为保险标的。原则上不强制，但是如果工程队没有购买此项保险，就不能获得工程合同。再如，在美国海域航行的船只需要购买污染责任保险，以防止出现石油泄漏事件，进而引起大规模的海水污染。

法国的保险公司和其他公司组成联营再保险公司，针对普通的污染保险以及反复性、持续性的污染责任设计特殊保单。法国的大部分环境责任险都是以自愿为主、强制为辅的，但是法律规定的除外。如载重货物2000吨以上的船舶就必须购买油污责任保险，不然就不能获得从事商业贸易活动的资格。德国的环境责任险也是强制和自愿相结合，几乎全部企业都购买了环境责任险，其中只有5%的企业是被强制购买的，有95%的企业是自愿购买的。

3.2.3　公众参与机制

3.2.3.1　美国的公众参与机制

美国的《联邦水污染控制法》赋予了公众参与水污染控制计划的法定权力，公众可以通过互联网的方式向联邦环保局提出意见和建议。此外，各地的环保部门还有责任向公众公开各项水污染数据和分析报告。公民参与水污染保护的主要形式有听证会、诉讼和环境教育公益活动三种。

听证会是公众参与水污染控制最直接也是最有效的方法。环保部门通过听证会能够听取社会各界对于水污染治理的意见，每次《水污染法》的起草和修订都要经过听证会这一环节。

诉讼是公众通过法律手段保护自身利益的一种最有效的方法。在美国，公众可以诉讼污染者也可以诉讼水污染防治部门的行政机关。美国人一般认为让政府改掉一个不好的法规制度比取缔一个或者数个污染源还要有意义。

美国的社区也经常举办各种公益讲座和公益活动来号召公民在日常生活用水时注意节约用水，注意水资源的重复利用，减少对水资源的污染，加强公众的环境保护意识，促进全社会的和谐发展。

3.2.3.2　日本公众参与机制

日本比较注重居民生活小细节方面的节约活动，政府通过电子宣传报和白皮书的形式对公众公布环境状况，加强公民的环境保护参与感，并且利用丰富的研究所、大学、科学所资源，每月定期举行讲座、论坛以及研讨会，为企业和个人之间的环保交流搭建平台。政府十分注意发挥企业、个人、研究所及行政机构的积极性。日本是一个岛国，水资源丰富，每一个流域都被细分为几个小的流域，小流域都会指定一个协调人员。协调人员的主要责任就是协调居民生活和企业生产当中的规划问题。日本境内国民的环保意识强和企业的社会责任感强都跟日本政府搭建的公众参与平台是分不开的。

3.3 我国水污染控制政策存在的一些问题

3.3.1 法律不健全

我国当前涉及水污染的法律主要有《环境保护法》、《水法》、《水污染防治法》等，虽然这些法律在一定程度上弥补了我国在水污染保护方面的空白和不足，但是依旧存在缺陷。

3.3.1.1 针对性差

上述列举的三部法律在全国范围内虽然可以用于指导水污染防治工作，但是毕竟是纲领性文件，运用到具体业务和地方时，就显得太抽象，不够具体，可操作性差。如《水污染防治法》和《水污染防治法实施细则》当中的条款，只是说地方政府有权力和责任保护水质，但却对法律责任只字不提，没有任何强制性的措施。这种法律条款对于地方政府来说几乎没有任何效力，即使地方发生了重大的污染事件，地方政府也不会组织污水处理，而只会采取隐瞒的态度。

3.3.1.2 没有考虑流域问题

流域水污染是水污染领域当中的一个大问题，特别是对像我国一样拥有多个不同流域的国家而言。流域水问题和治理已经在第2章说明，本节不再赘述。但是在我国治理水污染的法律体系中，的确没有把流域水污染作为难题专门立法。事实上，流域立法可以很好地解决流域水污染的争端问题，而统一立法往往是在处理流域水污染时失效，或者有较大争议。在第2章提到建立"流域政府"，相应的配套措施就是流域立法。

3.3.2 管理涣散

我国在水污染的管理部门方面存在着管理部门过多、权力部门分散的现象。有水利部、环保部、交通部、农业部、林业部等七个部门共同管理水污染防治。并且每一部门都有一定的权力和职责负责一定的事务，有些部门之间会出现业务重叠的现象。由于水污染的治理事务被碎片化，导致每一个部门能够有作为的地方并不多。水利部负责的是全国水资源的探测和基本设备的维护，并不负责水污染的保护和监督。但事实上，水利部门属于一线部门，能够得到更多的污染信息。而环保部门理论上是我国水污染的治理和监督部门，但是却对水资源政策没有太多话语权，只能被动地接受相应的水资源政策，即使水资源政策和水污染防治是相冲突的，也只能被动接受。多部门的协调问题就更是一个几乎解不开的难题。环保部门为了环保事业禁止一些行为，交通部门为了交通运输却不得不允许这些行为。类似的事情也发生在其他部门之间。这种管理上的问题一日不解决，我国水污染问题一日不可能得到根除。

3.3.3　未发挥市场的力量

市场本来应该是配置资源最好的方式，即使一些之前在经典西方经济学上论证过的不适合由市场来配置的资源，也在近些年的研究当中表明，市场依然可以高效地配置这类资源，只要给予市场充分的自由和道德底线。目前最为火爆的将社会资本引入公共领域，就是由市场力量来解决社会问题的明证。

在我国当前的水污染治理当中，市场的力量几乎没有，完全就是依靠政府的引导，因为资金来源于政府，也完全照着政府的意思做，在创新业务和技术方面进展缓慢。在治理水污染时，我们应该让政府发挥引导作用，让市场起到配置作用。资金来源于政府没有问题，但是运作不能完全听命于政府，而应该是完全的市场运作。水污染的问题其实本身也是一个市场问题。市场对于水资源的产权无法界定，所以会出现产业水污染无人埋单、无人负责的局面，这也是水污染要政府来治理的原因。但是事实上，在产权的界定上需要利用政府的权威性，但是一旦产权界定完成，政府就可以让市场去运作。事实也证明市场化运作水权交易在水污染防治中可以有一番作为。美国运用水权交易就取得了水污染治理的成功。

3.3.4　公众参与度低

在我国的行政体制中，公众对于社会的参与度一向不高，参与热情也不高。这主要是因为，政府未能给公众参与开辟尽可能多的渠道以及未给公众足够多的参政议政的权利。有的活动即使公众参与了，但是由于违规操作，导致公众的总体需求得不到正确的表达。比如关于价格听证会的问题，常常是参加人数不够，政府只能从职能部门抽调人数来充数。即使有足够的人数，听证会的最终结果却并不在当场揭晓，而是等之后才公布。这种有欠妥当的做法就让公众对政府的信任度降低，进而最后公众对于社会事务的参与热情也一起受到打击。

3.4 政策建议

3.4.1 法律层面

3.4.1.1 不断完善相关的法律法规

立法的前提是我们应当将某个湖泊或者某条河流看成一个单独的客观个体。为了更好地制止水污染的进一步恶化，更好地改善水环境的现状，就必须对水污染进行全方位的控制，不然将很难完成所制定的目标。所有的流域都是相应的个体，以此为基础来制定相关的法律，国务院或者流域内的政府在这部法律的基础上，制定与之对应的条例和细则。法律有权规定流域内的相关细则，适当地将流域管理加入《水污染防治法》和《环境保护法》这两部环境领域的权威法律中去，这样可以更好地为流域管理奠定良好的法律环境。

立法还需要区分位阶的差异。在我国，以流域的大小、在社会发展和国民经济中的地位为基准，我们会将跨界的江、河、湖、海分为不同的位阶，从而分别进行立法：对于长江、黄河、珠江和海河等比较大的几大流域，我们通常实行高位阶法律，立法主体就落在全国人民代表大会常务委员会；对于那些横跨不同省份的江河湖泊，立法的主体就是国务院或者是其下属的环保行政部门；对于省内跨市区的江河湖泊，立法的主体就是相应省的人大常委会或者省政府，有时候还可以是地方政府；对于省内跨县的江河湖泊，立法主体就是地方的相关部门。按照区别对待各流域的防治的相关准则，在对流域进行立法时，要更好地突出各地的特点，提升法律的权威性，以便更好地为国家治理水资源做出实质性的贡献。

3.4.1.2 协调相关法律

环境是一个生态系统，保护环境就要多方面全面协调才能取得成功。治理水污染问题不是单一的政策或者法律就能够解决的，而应该是不同的法律之间相互配合解决。水体既是水环境又是水资源，不能把两者单独拆开来看，从而制定不同的法律和政策来分别进行保护，这是一种片面的看法，把问题孤立的看法。事实上，保护水资源应该从全面协调出发。在进行水污染防治时，应该把《水污染防治法》和《水法》这两部法律有机结合起来使用。

3.4.2　管理层面

在我国，当今的水流域防治管理制度呈现出这样的特点：划分为不同的流域来分块管理；城市和乡镇也分开来进行管理；职能部门和管理部门也分开来进行管理；管理方式的多元化。正是因为我国存在这样的管理制度，才会使得每个部门只顾着追求权力，当问题一旦发生，就互相推卸责任。如果没有一个有效的流域管理制度来约束和监管各部门的行为，水资源污染防治工作就不可能产生任何成效。现在，我们依然还没找到一个有效的解决办法对水质管理和水量管理进行协调，对流域管理和区域管理进行协调。水资源保护和利用的相互关系是进行流域水污染防治的基本前提，只有意识到这一点，才可以建成一个"区域和流域的有效结合，各个部门职责的明晰，公众的积极参与和污染治理的共同努力"的全方位综合管理体系。从价值取向看，理应将水资源的经济价值和环境价值同等对待；从内容上看，要注重利用和防治齐头并进；从方式上看，在体现流域管理重要性的基础上，协同行政管理；从组织机构上看，进行流域管理的组织是独立自主的，对其流域内水资源进行统一的管理、开发和保护。

3.4.3　市场层面

水资源污染防控产业具备以下特点：其最终目标是保护和预防控制水资源；产业里面的各个企业都是提供对环境没有危害的产品和服务。水资源污染防控产业技术主要有城市污水处理技术、工业废水治理技术、污水与废水治理技术、膜材料与膜应用技术、海水及苦咸水的淡化技术、城市污水处理机械设备以及生物技术。

目前，我国水资源防控产业化的方向应该是以规范市场秩序为切入点，制定有利于产业发展的政策，拓宽产业融资渠道，加大技术创新扶持力度和制定技术标准。

在制定产业政策方面：首先从法律角度来对水污染行为进行约束，催生市场需求。用尽可能多的人力和物力来推动《循环经济法》、《能源法》以及《水污染防治法》等一系列环境法律的完成和完善。同时，执法严格、违法必究是法律深入人心的不二法门。其次从环境税费角度，要转变我国传统对于资源税的计费方式。从以前的"从量计费"变成"从价计费"，合理利用税收这一财政工具的引导作用。对碳排放和环境污染行为征得相应的税费，对污染治理和污染排放的相关收费标准进行改革，制定更为符合实际情况的征费标准，严格调整收费数量，以便更好地引导企业和个人的行为往有利于水环境的方向发展。再次是利用好优惠政策。政策的作用不是监督和处罚相关主体，而是起引导作用。对于主动实施防控措施的企业，应该要给予一定的税收优惠或者财政补贴，从而起到激励鼓舞其他企业的作用。通过政策性银行对能够提供证明主动进行水污染防控的企业给予贷款的优先权。最后是鼓励企业参与国际竞争。当前国际上很多国家都对贸易进口有环境壁垒，新一轮的环境贸易正在兴起。我国企业只有在政府环境外交的引导下，和国外的企业相互竞争才能更加意识到环境保护的重要性，变被动环保为主动环保。

在改善融资渠道方面：首先要建立多元化的投资机制。我国传统的环保资金主要来源于政府，这些资金并不能保证整个社会的需求。政府、企业和公众作为环境行为的主体，理应严格遵从"谁污染，谁付费"以及"谁使用，谁付费"的原则。只有从多方吸取资金，只有从市场要资金，只有环保企业能够实行自己"造血"，环保污染产业化才能成功。其次是信贷、债券和资本市场相结合。在资本市场上鼓励环保产业上市公司提高核心竞争力。适当把环保产业污染防控产业化向民众开放，利用 BOT、TOT 等方式引入民间闲散资本，也可以通过福利彩票的形式募集资金。再次是建立公开公正的环保基金制度，让相关环境型基金的价值可以发挥出来。有效地成立国家层面的环保基金以及环境发展经济，从一定程度上可以增加社会对环境产品和服务的需求，让环境市场的潜能充分发挥出来。同时为了保证基金动作的科学规范，应聘请专业人士管理基金，采用严格先进的现代审计制度，让资金的使用和流向透明公开。最后是支持社会资本投资水污染防控企业。建立为水资源污染防控产业融资服务的产业基金、投资公司、担保公司等，将社会化资本转化为水资源污染防控产业资本。政府采用财政贴息和补贴的方式鼓励社会资本进入水污染防控产业企业。

在促进创新力度方面：首先将水污染防控企业发展为水污染防控技术服务业。水污染防控企业其实属于服务业范畴。企业提供的是科学的水污染防控技术服务，并不和传统的制造业工业企业相一致。当前我国正在大力发展生产性服务业，水污染防控产业就属于这一类企业。政府应该加强产业规划和指导，完善相应的配套设备，培育市场对水污染防控产业的需求。其次是对水污染防控技术的创新。制度创新能够全面提高生产力，技术的创新能够快速提高生产力。我国水污染防控产业技术虽然已经取得长足发展，但是和国外先进技术比起来依然差距很大。针对这种情况，建议通过购买专利和引进技术等方式快速成长，并且踏实做好技术选型、技术消化和技术后续三个环节，争取实现把关键技术国产化，消化吸收之后开发出自己的技术，形成自己的知识产权。鼓励企业和高校进行合作，共同参与国家重点课题和项目的申报，企业和大学、科研机构、咨询公司的合作得到加强，形成产、学、研高度结合，为攻克技术难关和创新技术打下坚实的基础。最后是环保产品的制造水平要提升。目前我国的环保市场是一片空白，对于企业来说是一片淘金圣地，对于政府来说，是应该引导企业进入的地方。我国水污染防控企业应该利用我国制造业的优势，在环保产品的设计上、制作工艺水平上以及制造技术上突破创新。结合居民和社会的需要，吸引国外先进水平，转化成为自身的竞争力。

在制定技术标准方面：我国环保产业毕竟起步晚，国际上的产品标准已经制定出来，但是国内的产品标准却依旧十分混乱。与国际同类产品相比，我国产品的标准偏低，一来在国内市场上不能得到消费者的认可，二来在国际市场上也受到排斥。对于这样一个新兴的产业，政府部门能做的还有很多。通过培养龙头企业，依靠骨干企业的带动作用，在行业内形成产品的高标准，并且通过行业协会在企业当中普及。行业的标准应该是有技术创新的产品和企业的标准。

3.4.4　公众参与层面

公众参与的优越性体现在其对于环境保护行为的正面影响，包括提升政府的决策水平、减少治污费用以及协助政府和相关部门把环保行为落到实处。为此提出如下建议：

3.4.4.1　完善法律建设

公众参与水污染防治最大的前提就是有法可依。虽然当前我国国民参与水污染治理已经有基本的法律保障，但都是一些基础性的、框架型的规定，并没有具体的权利和义务划分及实施的细则。要想让公众参与真正落实，出台更为详细的指导文件不可或缺。在不违背我国中央立法的前提下，制定地方立法。地方立法需要注意以下几点：①指导性原则需要进一步明确，公众参与的程度、范围、内容和具体环节都要通过文件的形式明确下来，以免产生歧义。②保障公众在参与过程中的权利。公众在参与水污染治理中一个重要的环节就是监督，但是政府人员会由于个人私利而不会主动公开信息，这时就需要通过法律效力来使公众的知情权得到履行。③制定的法律应该具体而且有较强的可操作性，不要泛泛而谈，空有其表。

3.4.4.2　拓宽公众参与渠道

由于我国长期的封建统治思想依旧还残留在人们的脑海中，所以我国的法治并不健全，人治现象严重。人治最大的不好之处就是公众即使想参与也并不会影响到最后的决策，而且公众的参与渠道并不多，很多公众甚至根本不知道有哪些参与渠道。根据政策的制定过程可以有以下建议：①在决策过程中，引入公众参与能够更加全面考虑问题，代表群众的根本利益。公众和政府之间可以通过领导接待日、听证会、咨询会、相对人座谈会、民情恳谈会等形式直接参与整个决策的全过程。这样做的好处是政府可以兼听则明，降低了盲目决策的概率。②在执行过程中，公众能够参与监督和评价。执行过程中，公众是直接的见证人和参与者，所以能够通过反馈执法水平和效果的形式参与执行过程。③建立完善的处理公众意见平台。公众的意见仅被政府听到是没有用的，只有让政府为此而得到启发，听取好的意见才能达到公众参与的目的。政府可以规定时间，规定日期，对公众的意见一一进行回复，对好的意见则公开表扬或者给予精神或物质的奖励，不好的意见也要给公众回复，这样才能提升公众参政议政的动机和能力。

3.4.4.3　发挥环保社会组织的力量

在我国当前的政治背景下，一切事务都是政府主导，民间组织的力量弱小，环保组织也是如此。虽然环保组织在国际上发挥着重要的作用，但是它在国内面临着困境。政府相关部门对于环保组织的力量并未给予充分的信任，因此建议政府加强民众的环保教育，各级组织引导社会环保组织的成立和运营。在社会环保事务方面，不仅可以和环保组织分享信息，也应该从环保组织处获得宝贵的实践经验。引导环保组织对组织成员进行业务培养，让业务的环保组织成员逐渐成熟，成为业务能手。利用环保组织的群众基础在公众当中做宣传，让公众自发地参与到环保组织当中。

3.4.4.4　加强公民环保教育

我国传统的教育并没有对学生进行环保教育，或者教育极少。在当前国内污染严峻的形势下，有必要对公民的环保教育加大力度。

首先，在基础教育阶段应该注意树立学生良好的环保道德观，把环保作为公民的基本素质。要做到在基础教育阶段就树立良好的环保习惯。并且尽量为学生创造出环保实践的条件，让学生的环保意识和社会责任感从小就树立起来。其次，在社会上进行环保教育。当前社会上的不文明、不卫生习惯依旧存在，有必要在社会上进行社会公德教育：一方面教育公民树立良好的环保意识，另一方面要教育公民在自身权利受到损害时，走正常的维权渠道。最后，要加强媒体宣传。现在大众媒体其实充当了公民的参考系统角色，在很大程度上能够引领潮流和风尚，所以利用大众传媒可以更快地达到公民环保教育的目的。

3.4.4.5　增加公众参与投入

在吸引公众参与时不能只停留在纸面上和口头上，还应该付诸实际行动，以充足的资金作为行动的保证。所以在吸引公众参与环保时，政府应该加大投入。因为一旦公众参与了水污染防治，那么其他部分的工作就很容易开展。事实上，这并不会过多地增加政府的开支，相反有可能会减少政府的总开支。

政府加大投入大众媒体，例如报刊、电视和互联网，一方面向群众发布当前有关污染信息和治理现状及还存在的问题，号召大家一起加入治理污水的行列当中。另一方面，这也是公众和政府沟通，政府了解公众信息的一个渠道，公众可以通过这个平台发表见解。政府还可以印发一些小册子，在人流量大的地方发放，提醒人们时刻注意环保。在政府的领导下，带动企业的环保行为可以让更多的人加入进来。久而久之，这样一种风气就会变为一种自发性质的民间活动，最后演变成一种全民活动，人人都积极参与和贡献，这就有利于环保事业的开展和成功。

第4章 排污权交易在水污染治理中的应用研究

4.1 排污权交易理论

4.1.1 排污权交易的概念

排污权交易是指通过发挥市场供求机制的作用,将污染物排放权作为一种商品和资源进行交易流通,促进环境容量资源的有效配置的一种交易方式。排污权交易制度是政府为了实现排污交易而设计的一种交易安排。排污权交易是通过将排污权这种稀缺资源商品化,发挥市场和政府的共同力量来实现整个社会对污染物的排放,从而达到保护环境和可持续发展的目的。在这种交易方式中,由于市场中的每个企业的治污成本是有差异的,在这种情况下,治污成本较低的企业会设法减少污染,将多余的排污权出售给那些需要排污权而治污成本又比较高的企业。这对于交易的双方都有利益上的好处:一方面,治污成本较低的企业能够通过剩余的排污权获取利润,另一方面,治污成本较高的企业会减少使用排污权,并且通过购买排污权来降低治污成本。同时也激励了企业去减少污染排放和对环境的破坏。

要具体实现排污权交易制度,首先,政府的环境主管部门应通过技术手段对环境容量有个清楚的认知,并在这基础上确定污染物排放总量指标,然后按相应的原则将总量指标细分为若干单位排污权。其次,政府应该根据本地的特点,出于发展本地区经济和保护环境的目的,依据不同的方式对本地区的所有排污单位进行初始排污权分配，初始排污权分配的方式有无偿分配、政府定价和拍卖等。最后，政府环保部门通过建设排污权交易平台和市场，在相关法律的保障下，允许拥有排污权的企业对排污权进行交易，激励企业出于利益的目的去减少污染物的排放，减少对环境的破坏，同时也能够减少企业的治污成本。

4.1.2 排污权交易的理论基础

4.1.2.1 公共物品理论

在经济学中，可以将物品分为两种：一是私人物品，二是公共物品。私人物品是指该物品的产权归属特定的个人，并且具有排他性和竞用性。而公共物品与其相反，是指具有非排他性和非竞用性的物品。排他性是指当一个消费者购买了某个商品之后，就拥有对这件商品的支配权，将他人排除在外。竞用性是指增加一个物品的使用者会影响其他使用者在该物品上所获得的利益和效用。从公共物品的特征可以得知，个人使用公共物品不需要付出任何成本，而且在使用过程中也不会影响到他人的使用。而公共物品又可以分为两类：一种是纯公共物品，另一种是准公共物品。纯公共物品在现实中很少，它具有完全意义上的非排他性和非竞用性，任何人都可以不需要付出成本就能使用，并且不会影响其他使用者在使用过程中所获得的效用和利益。而准公共物品是指具有非排性他但具有竞用性的特点，这种物品任何人都可以使用，但是由于其竞用性，一个人的使用会减少其他使用者的使用量。在现实中，准公共物品比较典型的是草原，由于其非排他性和竞用性的特点，任何人都可以在上面放牧，最后导致了"公地悲剧"。

流域水资源也是一种比较典型的准公共物品，具有非排他性和竞用性。非排他性表现为虽然我国法律规定国家是流域水资源的所有者，但是由于水资源自身的特征，无法在使用权上做一个明确的规定，所以在通常情况下，单位和个人无须付出任何费用就可以使用流域水资源。竞用性表现为由于流域的水资源的质量和容量具有有限性，所以单位和个人如果在使用过程中，出现浪费和污染水资源的情况就会影响到其他单位和个人利用水资源，这在河流的上下游流域表现得特别明显。如果上游排放的污水较多，会给下游流域的水质带来污染，影响下游居民的生产和生活。因此，政府应该对流域水资源的使用进行监督和管制，否则容易形成另一种"公地悲剧"。

4.1.2.2　外部性理论

外部性是经济学中一个重要的概念，但目前学术界对这个概念还没有一个统一的定义。早在 19 世纪 90 年代，英国经济学家马歇尔发现在现实生活中存在外部性的问题，并提出了"外部经济"的概念，马歇尔也因此成为最早对外部性研究的学者。但外部性理论的发展和成熟是由英国经济学家庇古来完成的。1920年，在庇古的著作《福利经济学》中，他运用现代经济学的研究方法，从整个社会福利的角度出发，系统地研究了外部性问题。首先，庇古在马歇尔的基础上提出，外部性问题不仅具有"外部经济"，同时也存在"外部不经济"。其次，在对外部性问题研究的过程中，将边际理论引入，提出了"边际个人收益"、"边际社会收益"、"边际个人成本"和"边际社会成本"的概念，并利用这四个概念来评判消费者或者生产者的某项经济行为对于社会产生了"外部经济"还是"外部不经济"。"外部经济"就是消费者或者生产者从经济活动中得到的私人收益小于该活动所带来的社会收益，而"外部不经济"就是消费者或者生产者为其经济活动所付出的私人成本小于该活动所造成的社会成本。最后，庇古认为由于市场失灵，无法解决普遍存在的外部性问题，因此需要利用政府这双"有形的手"去解决，从而实现整个社会福利的最大化。他认为政府可以通过征税和津贴的方式将"外部经济"和"不经济"内部化来解决外部性问题。对产生"外部不经济"的企业征税从而使得其经济活动所付出的私人成本等于社会成本，同时对产生"外部经济"的企业发放津贴来弥补其损失。这一方法被后来的学者称为"庇古税"。

许多的环境污染活动都是比较典型的外部性的问题。在环境污染过程中，因为污染行为人的经济活动，使得所造成的社会成本大于个人所付出的成本，而污染行为人却不需要去承担这差额成本，这对他人和社会带来了不利的影响。在传统西方经济学中，主张用市场的力量解决一切经济问题。但市场在外部性问题上失灵了。因此，必须依靠政府的力量将污染行为人所产生的外部性内部化，使边际个人成本必须等于边际社会成本，让污染者承担对他人和社会所造成不利影响的成本，同时也让环境受害者的利益损失得到补偿。

在现实生活中，庇古提出的解决外部性的理论方法被广泛应用，对于治理环境污染问题有重要的指导作用，比如初始排污权有偿分配和对企业超标排污罚款制度都是对庇古的外部性问题内部化思想的具体实践。但庇古的理论也存在较大的局限性，因为"庇古税"所提出的信息对称的假定在现实生活中难以实现。在现实中信息不对称普遍存在，政府无法知道企业的某项经济行为的边际私人成本和边际社会成本，因此很难实施征税和补贴。虽然这样，但庇古对于外部性问题的贡献和提出解决外部性问题的方法对之后外部性理论的研究起到了巨大的基础性作用。经济学家科斯在对庇古的研究继承和批评的基础上提出了"科斯定理"，并由此产生排污权交易制度。

4.1.2.3 "科斯定理"

外部性问题一直属于经济学中的一大难题，也是经济学研究议题中的重点。经济学家对于解决外部性问题，提出使用征税和补贴的方式将外部性问题内部化。从理论上讲，"庇古税"是个很好的解决方法，但在具体实践中存在较大的缺陷。在庇古之后许多经济学家继续展开了对外部性问题的研究。美国经济学家科斯在对"庇古税"进行继承和批评的基础上，提出了自己解决外部性问题的看法。1960年，科斯发表了著名的《社会成本问题》[①]一文，在这篇文章中，他提出以往的解决外部性问题的方法无法较好地解决这一问题，主张在外部性研究中引入可交易的产权理念，将造成外部性行为的产权化，而且允许在市场中自由交易。科斯认为，只要财产权是明确的，并且交易成本为零或者很小，那么，无论在开始时将财产权赋予谁，市场均衡的最终结果都是有效率的，实现资源配置的"帕累托最优"，这就是著名的"科斯定理"[②]。

具体来讲，"科斯定理"根据交易成本是否为零，可以分为两个方面的内容。在满足明确产权和交易成本为零的情况下，通过私人或者企业对产权在市场中自由交易可以使得边际私人成本与边际社会成本相等，能够很好地解决外部性问题，实现"帕累托最优"，在交易前无论产权在法律上归属于谁，都能实现这一结果，这就是通常所说的"科斯第一定理"。在交易费用存在的情况下，不同产权的初始界定会对资源配置效率产生不一样的影响，因此产权的初始分配和界定十分重要，这就是"科斯第二定理"。"科斯第二定理"是"科斯定理"的核心，因为在现实生活中，交易成本为零的情况几乎不存在。由于交易成本不为零，科斯认为，在现实中，初始产权分配会影响社会资源的配置和整个社会的福利的大小，因此需要对交易费用进行比较，作为初始产权分配和界定的依据。排污权交

---

① 罗纳尔德·H.科斯. 社会成本问题 [J]. 法学与经济学杂志，1960（10）.
② 高鸿业. 西方经济学（第五版）[M]. 北京：中国人民大学出版社，2010.

易就是对"科斯定理"在环境污染中的具体实践,将排污行为产权化形成排污权,并且作为一种稀缺资源在市场中进行交易流通,能够较好地解决污染者的污染行为带来的外部性问题,通过市场的力量促进了资源的配置,并且在"总量控制"的前提下减少了对环境的污染。

4.1.2.4　环境稀缺性理论

在经济学中,稀缺资源理论是一种基础性的思想理论。该理论认为:物品能够成为在市场中流通的商品,是因为其具有交换价值,而交换价值又是以稀缺性为基础,否则无法成为一种真正的商品。

在相当长的一段时间里,由于人口数量还比较少,生产力水平较低,人们认为环境资源是取之不尽、用之不竭的,比如空气、水资源等这些环境资源。认为环境资源的容量和自净能力足够满足人们的各种生产和生活的需要,因此也就不认为环境资源具有稀缺性和交换价值。

工业革命之后,人们的生产方式和生活方式由于技术的变革,发生了巨大的变化,同时人口也急剧增加,还给环境和生态带来极大的破坏,并产生各种环境和生态问题,人与自然的矛盾也在不断加剧。人们逐渐意识到生态环境的重要性,环保意识也不断提高,认识到环境资源不是无限的,也具有稀缺性的特征。首先,环境资源的多方面价值难以在满足多种需求的情况下同时体现出来,在特定的时空范围内,环境资源可能满足人们的生产需要,但无法同时满足人们的生活需要,或者满足了一种生产需要,而无法满足另一种生产需要。比如,湖泊如果被工厂用来排污,则无法满足人们观赏游泳的需要,或者因为工厂向湖泊排污而使得渔民无法在湖中养鱼。在这种情况下,人们会为了满足其生产和生活的需要争夺环境资源,会引起矛盾和冲突,将环境的稀缺性凸显出来。其次,由于人们的生产和生活活动频繁,排放的污染物的数量已经超过环境的容量和自净能力。环境资源的容量和自净能力是巨大的,但当地经济和社会的快速发展使得环境的承载力越来越无法满足人们的需要,因此在环境资源的容量和自净能力有限的情况下,导致环境资源十分稀缺。由于环境资源的稀缺性,使得环境资源具有成为商品的前提,最终促使了排污权交易的产生,环境资源稀缺论同时也是总量控制的理论依据。

4.2 排污权交易的作用机制及效果

4.2.1 排污权交易的作用机制

排污权交易是在满足环境要求的前提下，将污染物的排放权合法化并商品化。所谓商品化就是指使排污权可以像一般商品那样进行买卖，这样做可以控制污染物的排放从而达到优化配置环境容量的目的，这种做法体现的是一种环境管理思想。因此，排污权交易是排污许可制度的市场化形式，是环境资源商品化的表现形式，也是环境总量控制的一种措施。

实现排污权交易需要两个前提条件：一是不同的企业在治理污染上存在水平上的差异；二是政府采用总量控制的原则来实现环境管理。其实现的机理如图 4-1 所示，图中纵轴表示单位污染物治理成本，横轴表示污染物治理量。

现在假定有两个排污企业 A 和 B。MC_1 和 MC_2 分别为企业 A 和 B 的污染边际治理成本，且 MC_2 小于 MC_1。假定企业 A 和企业 B 都需要削减 Q_0 的污染物，在没有实施排污交易权的情况下，两个企业总共需要削减的污染物总量为 $2Q_0$。在严格实施总量控制的情况下，两个企业需要削减的排污总量仍然不变，即为 $2Q_0$，但考虑到 MC_1 大于 MC_2，所以企业 A 治理一单位污染物所需要的费用大于企业 B 的花费。这种情况下我们便知道企业 B 可以在达到削减等量的污染物 Q_0 的要求的同时比企业 A 花费更低的成本。

排污权交易的引入可以实现企业 A 和企业 B 之间自身经济利益的最大化，企业 B 在利益最大化的激励下，将会减少 $Q_2 - Q_0$ 数量的污染物排放并将其出售给污染企业 A，为此企业 A 需要支付 Q_1Q_0EC 的费用给企业 B。当 $Q_2 - Q_0 = Q_0 - Q_1$ 时，$Q_1Q_0EC = Q_0Q_2DE$，双方利益达到均衡。因此，在排污总量控制在 $2Q_0$ 的前提下，企业 A 和企业 B 通过排污权交易使得两个企业都获得收益[1]。

---

[1] 陈磊，张世秋. 排污权交易中企业行为的微观博弈分析 [J]. 北京大学学报（自然科学版），2005（6）.

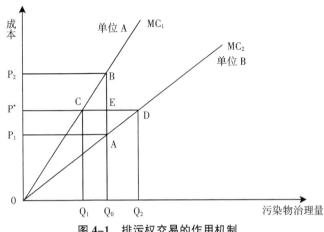

图 4-1　排污权交易的作用机制

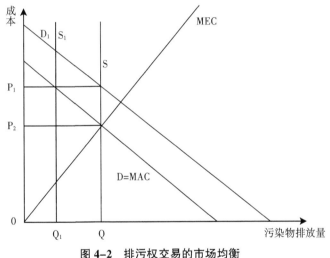

图 4-2　排污权交易的市场均衡

　　排污权交易的宏观均衡主要体现在排污权需求与供给的平衡关系上，图 4-2 纵轴代表成本，横轴代表污染物排放量。D 和 S 分别代表排污权需求和供给，MEC 代表边际外部成本，MAC 代表边际治理成本。

　　排污权的供给曲线以及需求曲线分别具有以下特点：排污权的总供给曲线 S 是一条垂直于横轴向上的直线，之所以会是这样的曲线是因为政府是为了保护环境而不是为了盈利发放排污许可证，这说明排污许可证的发放数量在某种情况下是一定的，排污许可证价格的变化并不会对其发放数量产生影响。因为边际治理成本决定了污染者对排污权的需求，所以排污权的总需求曲线即为边际治理成本曲线 MAC。

在市场主体发生变化的情况下,市场调节将会使排污权的总供求重新达到平衡。污染企业的破产会导致市场上对排污权的需求减少,从而使得需求曲线向左移动,这样便导致排污权市场价格的下降,结果会有更多的污染者购买排污权,污染者就可以更少地削减污染物的排放量,市场在保证排放总量保持不变的基础上,可以最大限度地减少过度治理的费用,从而节省为了控制环境质量而需要的总费用。另一种情况是当有新的污染源企业加入时,市场对于排污权的需求会增加,即需求曲线会从 D 移到 D_1,由于总供给曲线的位置不变,因此排污权的单位市场价格便会上升到 P_1。对于经济效益高的新污染企业,其边际治理成本低,少量排污权的购买就可以使其达到合理水平的生产规模并产生盈利,这种情况下,该污染企业就会以 P_1 的价格购买排污权。

政府可以利用排污权交易更为有利的市场经济行为进行宏观调控。因为存在信息不对称,政府制定的排污费征收标准以及污染源排放标准的修改往往不能对供求信息做出真实的反映,从而导致对于各方都是最优的均衡价格就很难形成。排污权交易制度在市场机制的作用下一方面能够通过价格机制调解市场的供求平衡,进而企业会做出对其利益最大化的决策;另一方面,排污权交易制度能够提供给政府决策部门足够的信息,能够使政府部门在发现环境标准偏高或偏低后及时改进环境政策,以便处理好经济发展与环境保护之间的关系。

4.2.2 排污权交易的效果

排污权交易是一种通过利用市场机制的作用来治理环境问题的有效方法。与其他解决环境问题的方法相比,比如排污收费制度,这种交易方法的治污成本较低,机动灵活,管理成本低,具有明显的优势和效果。排污权交易的效果,具体可以表现在以下三个方面。

4.2.2.1 排污企业选择性多、成本低、积极性高

4.2.2.1.1 排污企业的选择性更多

在排污权交易出现之前,政府通过制定排污标准和征收排污费制度去缓解和减少排污企业对环境的污染。在这种制度下,排污权企业只能按照政府的标准去排污、缴纳超排罚款和排污费用,企业的选择较少,没有较多的自主性,最后许多企业该污染还是继续污染,治理环境效果并不明显。另外,政府制定的排污标

准有许多不合理的地方，主要表现在排污标准过低，同时排污收费标准和惩罚力度也较低，不能对企业有较强的经济激励。因此许多企业选择接受罚款进行超排，而不按照环保部门的标准进行排放，这导致政府的环保政策和标准失效，最后污染问题没有得到缓解，反而更加严重。从企业排污的实际情况来看，由于缺乏灵活性，企业通常只有两种选择，一种是选择超标排放接受罚款，另一种是减少排放，但会影响到生产活动。基于企业赢利的目的，企业通常会选择接受罚款，进行超标排放。

与政府制定排污标准和征收排污费相比，排污权交易制度给企业带来了更多的选择性。不同的企业由于生产技术、治污设备和技术等这些条件存在差异，使得它们治理污染物的成本也存在着不同。为了降低治污成本，企业应该将自身治理污染的边际成本与市场上其他的排污企业治污边际成本进行比较。当企业自身的治污边际成本大于市场上的治污边际成本，则不需要减排而可以从市场上其他企业手中购买排污权；当企业自身的治污边际成本小于市场上的治污边际成本，则应该降低排污量，出售剩余的排污权而赚取利润。

4.2.2.1.2　污染物治理成本更低

在排污权交易市场出现之前，排污企业只能按照环保部门制定的排污标准排放污染物，在治污能力和技术不改进的情况下，治污成本不会降低。当排污权交易市场出现之后，由于排污权可以自由交易，因此出于利润最大化的目的，企业会将自身治理污染的边际成本与市场上其他的排污企业治污边际成本进行比较，从而决定是否减排。在排污权交易中，排污权的卖方因为治污成本较低所以选择减排，而将剩余的排污权出售，排污权的买方因为治污成本较高而选择不减排购买排污权。这笔交易对买卖双方来讲，都获得了好处，并且削减了治污成本。因此，排污企业因为排污权交易而获得了更多的选择和自主性。通过排污权交易，每一个排污企业的治污成本都得到了降低，进而整个社会的治污成本也得到了降低。

4.2.2.1.3　治污激励加强，治污积极性更高

在政府规定的排污标准下，企业通常会在排污达标之后，失去了进一步减排治污的积极性。而在政府征收排污费的情况下，由于排污费收费较低，当维持生产现状所获得的利润远大于将要付出的排污费时，为了追求更多的利润，排污企业往往选择接受罚款而超量排放。在排污权交易的情况下，排污企业可以将排污

权作为一种商品进行买卖，可以赚取差价利润。由于这种经济激励，一些排污企业采用先进的治污设备，革新治污技术，从而减少污染物的排放，最后将剩余的排污权出售给其他排污企业而获取收益。因此，我们发现，排污权交易能够激励排污企业治污排污的积极性，这有助于整个社会污染物的减少，从而起到保护生态环境的作用。

4.2.2.2 政府管理部门对污染监管更有效，监管成本更低

4.2.2.2.1 污染监管更有效

如上文所述，我国政府普遍通过制定排污标准和征收排污费的方式来解决环境污染问题。制定的排污标准主要是浓度标准，通过对排污口污染物的浓度进行检测，而一些排污企业却可以通过水稀释的方式来降低水污染的浓度，从而达到排污标准。同时，普遍来讲我国目前的环保标准比较低，而且当地政府为了发展经济，放松环保管制，所以在建设污染排放和保护环境方面没有取得很好的效果。此外，我国现在征收的排污费标准也较低，对排污企业的超标排放处罚不够严厉。同时，环保部门的执行力度不够，这使得许多企业宁愿缴纳较少的排污费和处罚金，也不愿意减少排污影响生产。

在实施排污权交易的情况下，环保部门在对初始排污权进行分配之前，根据当地水资源的容量和质量，通过技术手段来确定污染物的排放总量，并将排放总量划分单位排放权，依据相关合理的分配原则将排污权分配到每一个排污单位。每一单位的排放权规定了排放物的种类和数量，因此如果政府控制了排污权的数量和对企业依据排放权进行排放的情况进行严格监督，就可以达到控制污染物排放总量的效果。并且，政府也能够在排污权交易市场买卖排污权，从而对污染物的排放进行合理的调控，提高治污的效率。每年政府可以根据上一年的环境保护和减排治污情况，科学调控当年的污染物总量，实现环境可持续发展。

4.2.2.2.2 监管成本更低

在政府实行排污标准的情况下，如果要对排污企业对排污权标准的执行情况进行检查和监督，需要付出大量的人力和物力，这样会导致监管成本过高。但往往从实际的监督情况来看，政府对企业排污的监督不到位，监管效果较差。在制定排污收费标准的情况下，由于信息不对称，如果要合理收取排污费，必须知道每一个排污企业的边际成本，而对这一方面的搜集也需要花费大量的成本。在这种情况下，都会导致政府监管成本过高，进而影响对污染物排放的监管效果。而

通过采用排污权交易的方法能够大大降低政府的监管费用。在排污权交易制度下，政府需要做的是对环境现状做一个精确的评估，在此基础上确定一个排污总量，向每一个排污单位合理分配初始排污权，并且建立一个有效的排污权交易市场，让排污企业在其中进行自由交易。在这种情况下，政府不需要花费大量的人力和物力去监督排污企业执行排污标准的情况，也不需要搜集排污企业边际成本的信息去计算排污费用。

4.2.2.3　公众拥有更多的监督权和参与权

在政府制定排污标准和实现排污收费的情况下，治理和减少排污企业对污染物的排放，似乎只是政府与排污企业之间的活动，而公众却没有相应的途径参与到这一过程中，没有任何监督的方法和途径。公众无法知道详细的排污企业的排污情况，也无法知道政府对排污企业的监督力度是否严格。而实行排污权交易制度之后，公众对政府和企业的治污减排工作能够发挥较大的监督作用，具体可以表现在以下三个方面：首先，环保部门在拟定好污染物排放总量以及排污权的初始分配草案后，需向社会大众公开，听取不同团体的看法和意见，公众可以对具体的内容表示反对。其次，在确定好污染物排放总量和排污权的分配计划后，政府对于排污权市场的交易信息向大众及时公开，并且可以保证有相关的资料和文件留底，以备公众事后对相关信息进行查证，从而较好地保证公众的知情权。最后，社会环保公益组织和公众也可以在排污权市场中参与排污权的买卖，在对环境保护现状表示不满的时候，可以通过购买排污权来减少污染物的排放量。

4.3　排污权交易制度实施的重点和难点问题

4.3.1　排污权的初始分配问题

排污权初始分配是政府主管部门在确定污染物排放总量的基础上，将排放总量分配给每个排污单位的过程，排污单位根据自己分得的排污权的数量和种类进行排污。排污权的分配是排污权交易的基础，也是影响排污权交易对控制环境污染效果的重要环节。因此，将初始排放权进行合理分配非常重要。初始排污权分配主要有两个方面的问题：一是对排污权初始分配是无偿还是有偿；二是如何将有限的排污权在本区域的排污企业中进行初始分配。

关于初始排污权分配是无偿还是有偿的问题，无偿和有偿的分配方法都有各自的优缺点。如果实行无偿分配，对于企业来讲，肯定会比较受欢迎，因为这样能够减少企业的负担和成本，企业也会因此积极参与。可是之后会有新建的企业出现，它们的排污权是需要通过有偿的方式来获得，这会导致不公平的问题产生。另外，由于初始排污权分配的无偿性，排污企业可能会通过一定的污染物处理方法将排污量控制在可排污量的范围内，之后进一步降低排放和治理排放的动力较弱。这些问题都会在一定程度上影响排污权交易的实施效果。此外，由于无偿性，政府也会少了一笔政府收入来源。如果实行有偿分配，这在一定程度上会增加企业的生产成本，但能够通过经济刺激使得排污企业减少污染物的排放，增加排污企业减排治污的动力，同时政府也能够获得一笔财政收入来加大对环境治理的投入。

如何将有限的排污权在本区域所有的排污企业中进行初始分配是一个对环境资源进行分配的问题，会影响到排污企业的利益和生产成本，对排污权交易是否能够有效进行有着重要的影响。因此，需要制订一个合理有效的初始排污权的分配方案，这个方案要从社会的经济效益出发，同时要兼顾打破公平原则的问题，这对于政府实施排污交易制度来讲是一大难题。

4.3.2　排污权交易制度的问题

排污权交易的开展必须要建立一个健全完善的排污权交易制度。从美国的排污权交易的历史来看，美国通过颁布《清洁水法》来为水污染排污权交易提供法律基础和保障。另外，作为环境监督保护部门，美国环境保护局在全国范围内制定和颁布了通行的排污权交易指导条例。美国各州在国家环境法律法规的框架下，根据本州的特色，组织本区域内的排污权交易。目前，我国的排污交易制度还很不完善。首先，从立法方面来看，虽然在一些环保法律中提到了排污权，但没有对排污权作出较多的阐述，以及对如何具体实施规范排污权交易进行具体的说明。从排污权交易的具体实施来看，虽然我国政府 20 世纪 90 年代末开始尝试开展排污权交易，但到现在，排污权交易仍处于地方试点阶段。现在国家环境保护部门还没有制定在全国范围内通行的排污权交易指导条例，而地方政府制定的政策条款存在着较大的不足，无法促进和保障排污权交易，不利于排污交易制度的实施。国家环保部门为了更好地推广和实施排污交易，先后制定了《关于开展排污权有偿使用与排污交易试点工作的指导意见》、《水污染物排放权有偿使用与交易指导意见》等政策，但都只是处在意见征集阶段，还没有在全国范围内正式实施。

现在，我国排污权交易制度建设处在起步阶段，面临着经验不足的问题，同时国家政策缺乏，因此需要各地区自行进行积极探索，并且学习美国和国内其他地区先进的实践经验和制度安排，根据本地区的特色来设计排污权交易政策和制度。

4.3.3　排污权交易的成本

排污权交易成本的高低在一定程度决定了排污权单位参与排污权交易的意愿。如果排污权交易费用较低，排污单位通过排污权交易有利可图，那么它们参与排污权交易的积极性也较高；如果排污权交易费用过高，并且大于排污企业在交易中的利益所得，那么排污企业更愿意自己治污减排，进行排污权交易的动力也就不足。因此，要在我国实施和推广排污权交易制度，必须要考虑排污权交易成本的问题，政府应通过各种有效办法去降低排污权交易所产生的成本。过高的交易成本会严重阻碍排污权交易的顺利进行，因此如何降低排污权交易的成本是促进排污权交易制度实施的重要问题。

从排污权交易的过程来看，排污权交易的费用主要有三个部分：一是搜寻信息成本。由于信息的不对称，所以排污权交易市场主体需要为搜集一些信息付出成本，比如需要知道谁是排污权的供给者和需求者，以及市场的交易价格，排污成本费用等，这些都是市场主体进行有效交易前必须掌握的信息。二是讨价还价费用。市场交易主体掌握的基本交易信息情况需要和符合自身要求的交易对象进行协商沟通，商定一个有利于自身利益的价格。三是监测和管理费用。要保障排污交易顺利进行，需要对排污权的交易进行监管，并对排污企业的排污状况进行检测，这些行为都需要花费较大的成本，这些成本很大程度上要转嫁到排污单位身上。

4.3.4 排污权交易中的监督问题

排污权交易中的监督问题在很大程度上影响排污权制度的实施效果。排污单位除了获得初始排污权，同时也通过排污权交易来影响自己的污染物的排放限度。排放单位必须按自身所拥有的排污权严格控制污染物排放数量和排放种类，但这需要政府部门对其排污情况进行实时监测，否则排污单位的实际排污量有可能会大于它所拥有的排污权。另外，环保部门也需要对排污权交易中的交易过程进行监督，要努力促进排污权交易的公平、公正和公开。

从目前的状况来看，要实现对排污单位有效的实时监测的技术难度太大，而且监测成本也相当高。因此，首先环保部门需要制定严格的排污标准和科学合理的监测标准，并且利用先进的科学技术和互联网技术建立有效的排污权交易监测系统，对排污单位的排放进行实时监测。其次，需要规范排污权交易市场的交易规则规范和排污权交易规则，维护市场交易秩序，打击排污权市场交易中的违法违规行为。要确保在排污权市场的交易主体具有自主交易权，自行决定市场的交易买卖。最后，政府需要让社会大众参与到排污权的交易中来，并且向社会大众进行相关信息的披露和公开，接受大众的监督、建议和批评。

4.4 排污权交易制度实施保障

4.4.1 构建完善的排污权交易法律体系

在通常情况下，一种新兴制度的实施和推广离不开强有力的法律体系的保障，特别是对排污权交易制度这种新的环境经济制度，法律的保障在其初始实施阶段显得十分重要。所以，要建设好排污权交易制度，构建健全的法律体系是基础，从而确保排污权交易的合法性。加强排污权交易法律体系的建设需要从以下两个方面着手。

4.4.1.1 落实排污权的立法

目前，我国已有较多的关于环境保护方面的法律法规，但是其中却没有直接关于排污权交易的法律条款，因此我国对于明确排污权的合法性还有许多工作要做。对于排污权的立法，由于经验不足，立法机构可以参照西方发达国家关于排污权的法律条款，同时根据我国的实际情况，进行吸收创新再制定。或者，我们可以在现有的《物权法》关于产权方面的条文的基础上吸收我国关于水资源法律中有关水权的相关内容来明确排污权这一产权的合法性，并且提供相应的法律保障。另外，需要对《中华人民共和国环境保护法》进行重新修订，将排污权的相关内容加入其中，并且要强调排污权的产权属性，确定排污权初始分配的有偿性，保护私人所有的排污权，严惩侵犯私人排污权行为，从而保障排污权交易的实施。

4.4.1.2　完善污染物总量控制的立法

根据环境稀缺性理论，环境资源是一种稀缺资源，这为排污权成为商品提供了前提。而排污权能够成为一种商品在市场上进行买卖，需要考虑到环境资源的容量和质量，控制污染物的排放总量。一方面，这有利于保护生态环境不被破坏，同时也能够体现污染物排放权的经济价值，激励排污单位减少排污。另一方面，控制污染物排放总量能够落实坚持可持续发展战略，使人们生产生活的污染物的排放控制在生态环境可承受的范围内，并且能够保证排污权的稀缺性，通过市场的价格体现出其价值，有效反映排污的成本，从而激励排污单位减排治排。所以，完善污染物总量控制的立法对于发挥排污权交易在治理环境污染方面的作用十分重要。

从我国现有的环境保护的法律来看，关于污染物总量控制这一方面的规定较少，只有一些原则性的条款，没有关于污染物总量控制的具体实施内容，存在较大缺陷。因此，立法机关需要对现有环保法律加快对污染物总量控制的内容进行补充规定，以法律形式明确规定如何确定、分配和监管污染物总量控制指标，以及对超标排污者的处罚。

4.4.2　搭建有效的现代化排污权交易平台

排污权交易制度的实施离不开健全完善的排污权交易法律体系为其提供法律上的保障，同时排污权交易也需要一个有效的现代化交易平台。美国从 20 世纪 70 年代就开始启动排污权交易，而我国在 20 世纪末才开始实施排污权交易实验和试点工作。我国在排污权交易方面起步相对较晚，经验不足。到目前为止，在我国北京、上海、天津等地区已经有了地域性排污权交易机构和平台，但是由于种种原因，这些交易平台发展不成熟，存在许多不足。比如交易平台的交易者较少、服务水平比较低、交易费用比较高，这对推广排污权交易造成了阻碍。因此，要在我国实施好排污权交易制度，构建一个有效的现代化的排污权交易市场是很有必要的，并且这个平台与现有的平台相比，具有交易时间短和交易成本低的特点，同时平台的信息可以进行公开和共享，这使得社会大众和政府能够对排污权交易的过程进行监督，有助于促进排污权交易市场正常有效运转。

当前，我国的互联网技术和计算机技术已获得较快的发展，正逐渐走向成熟，这为搭建一个有效的现代化互联网排污权交易平台提供了有利条件。借助现有的互联网技术和计算机技术能够为排污交易平台提供在线监测、信息公开查询、数据实时更新等功能，这在很大程度上促进了排污权交易制度的实施和其进一步发展。并且在新的交易平台下，由于时间成本和交易成本降低，这为更多排污企业参与到排污权交易中来提供了条件，从而有更多的企业在排污权交易的作用下进行减排、降排。

4.4.3 加强政府职权范围的确定与权力约束

在排污权交易市场，排污权是作为一种商品而存在，但环境资源的特殊性决定了它与一般商品不同。因此，需要政府对排污权交易进行监督、管理和调控，但是在排污权交易中，更多的是需要依靠市场的作用来促进环境资源的配置，在现实中，经常会出现政府对排污权交易过多干预，或者因为腐败进行寻租活动。政府的这些行为会干扰市场的正常运行，降低市场配置资源的效率，增加交易成本，这些都不利于排污权交易制度的实施和发展。因此，明确政府在排污权交易中所应发挥的职权范围十分必要，这样能够约束政府的权力和监督政府的行为。

4.4.3.1 明确政府的职权范围

为了保障水污染物排污权交易制度的实施，政府相关主管部门应该发挥好其职能，需要确定污染物总量，分配初始排放权，披露和公开交易信息，并且对排污权交易的过程进行监督，在必要的时候对排污权交易市场进行调控。具体来讲，相关职能部门在排污权交易的职权范围包括：①对流域水域环境状况和污染状况进行实时监测；②确定水污染物排放权的总量；③向排污单位分配初始排放权；④维护排污权交易市场的持续，保障其健康正常运转；⑤对排污权的交易过程进行监督和管理；⑥披露和公开排污权交易的相关信息，接受大众的监督；⑦参与排污权交易，回购和收回排污权，对排污权市场进行调控。

4.4.3.2　有效约束政府权力

首先，对政府分配初始排污权和回购排污权的权力进行监督和约束。因为政府在对初始排污权进行分配和收购排污权的过程中容易因发生寻租活动而导致腐败。因此，需要通过立法和相关政策规定来对这两方面的权力进行约束。要对初始排放权的分配进行有效的约束，可以严格要求政府环保部门按照正确科学的方法对初始排污权分配，并且要将分配方案向社会大众公布，接受大众监督和指正，保证初始排污权分配合理。要对政府回购排污权的权力进行约束，可以通过法律条文和行政条例限制政府交易排污权的范围，并且设定可拥有的排污权数量的上限。

其次，对排污权交易市场的交易主体的权利和义务进行明确规定，并且制定翔实的市场交易程序和规则，同时，政府关于在排污权交易市场的监管职能的履行情况要向社会大众公布，接受社会舆论的监督和批评，从而在一定程度上减少权力寻租和腐败行为的发生。

最后，要让公众具有知情权和参与权。知情权体现在政府和企业应该对排污权交易的相关信息进行公开和披露，让社会大众能够了解排污权交易过程，并且进行监督和批评建议。参与权体现在为了达到保护生态环境，减少对环境的污染的目的，公众和环境保护公益组织可以参与排污权交易，购买一些排污权来减少企业对水污染物的排放。

4.4.4　构建排污权交易监控管理体系

从美国的排污权交易发展史来看，健全有效的交易监控管理体系是美国排污权交易取得成功的重要原因。因此，要推广和发展我国的水污染排放权交易制度，构建一个完善有效的排污权交易监管体系尤为重要。这有助于保障排污交易的顺利开展，在一定程度上决定了实施排污权交易制度的成败。要在我国建立排放权交易监控管理体系，可以从以下两个方面入手。

4.4.4.1　构建排污权交易在线监测系统

在搭建先进的现代化排污权交易平台的过程中，我国需要利用先进的互联网技术和计算机技术，同时参照美国的先进成功经验，构建与排污权交易相匹配的在线监测系统。通过企业对水污染排放装置的监测工具的实时监测所获得的准确、连续和有效的水污染物排放数据，在线监测系统能够对企业排污情况进行实时监督，并且能够全方位、连续地对排放的水污染的水质状况和数量进行记录，进而整理成相关数据，环保部门可以通过这些数据掌握企业排污的情况，社会大众可以通过这些信息对企业排污情况进行监督。

4.4.4.2 构建政府与公众联动的综合监控管理体系

流域水资源状况对当地人们的生产和生活有着重要的影响，因此对于水资源环境污染的治理离不开当地群众的参与。所以，在实施排污权交易制度过程中，不仅需要政府和企业的参与，也同样需要社会大众的参与，因为排污权交易的实施效果与人民群众的利益息息相关。社会公众、环保组织以及媒体舆论的参与可以对排污权交易进行监督，并且提出自己的批评和建议，同时也能提升个人的环保意识。因此，政府部门十分有必要建立一个与社会公众联动的，对排污权交易进行综合监控的管理体系，这样能够有效地促进排污权交易制度的实施。

第 5 章　推进水资源污染防控产业化

5.1　水资源污染防控产业的定义和分类

5.1.1　水资源污染防控产业的定义

保护水资源使其得到合理的利用以及预防和控制水资源遭到进一步的破坏，是水资源污染防控产业的终极目标，这类产业能提供技术性服务和相对清洁的产品，并且组成一个规模较大的企业组合。首先，这样的定义方法是以水污染治理产业定义为基础，并且得到了很好的延伸和扩展，"治理"的内容包含在"防控"的内容里，我们要更好地将控制型和污染治理型产品转变为预防污染型的产品。其次，在原来的基础上，将"防控"水资源污染和保护水资源使其得到合理利用等内容加进了现有的体系之中，"治理"和"防控"这两者的根本区别就在于能否合理地提供清洁技术服务和清洁产品，其中包含以下内容：清洁生产的技术、清洁生产的设备以及清洁能源的服务和材料，另外还有一些其他的工艺以及技术以便更好地生产清洁产品。从以上的介绍，我们可以得出，水资源污染防控产业是这样一种新型产业，它是指减少和消除水污染影响的产品和技术服务，对社会的影响巨大，既在保护环境上发挥了重要的作用，又在资源的耗损、社会效益的提高以及人民群众的健康等多个层面上起到了不可忽视的功效。从全局的角度来看，更能体现以人为本和全面可持续发展的精髓。以前我们所认识的"治理"兼具以下两种特征：一是"污染和治理同步发生"，二是"污染在前，治理在后"。而如今的"防控"则被赋予了更加特殊的含义，它具有更深刻的理念，注重"控制"和"预防"这两项措施的重要意义，不仅仅要将行为落实到治理水资源的污染中，还要落实到一体化产品的生产上去，努力完成由尾部治理型产品到覆盖率可全面到控制治理层面的产品的飞跃。在产品的生产和技术服务的提供过程中，客观地将控制和监督体系的建立落到实处，对那些对水资源产生污染的行为进行强硬的抵制和杜绝，即便是在提供完某项服务之后，也不允许任何二次污染行为的发生。水资源污染防控产业的本质就是从多方面对水资源和管理向公众提出更高的要求。

当然，任何转变都是需要时间的，从"治理"到"防控"同样也要遵循这一客观规律，它与经济水平和技术发展呈正相关的关系。

5.1.2　水资源污染防控产业的根本特征

以下五个方面的特征可以很好地揭示水资源污染防控产业的本质。

5.1.2.1　经济效益和社会效益的一致性

"以人为本"是可持续发展的核心，人类社会最重要的事情是人们生活质量的提高和人们的健康。水资源污染防控产业不仅为人类社会的和谐发展提供了物质基础，也提供了技术支撑。相比于其他的一般性生产和服务型产业，水资源污染防控产业更加强调人类社会与自然环境的和谐共处。水资源污染防控产业的本质在于对自然资源的保护、对自然资源的有效利用、对环境污染的治理以及对破坏环境行为的制止。据世界各国的经济学家估算，水资源污染防控产业的回报率是投资率的 10 倍。此产业通过为人类营造一个健康优质的生活环境，增加生态多样性等方式来增加对社会的贡献。总而言之，水资源污染防控产业是让经济效益和社会效益同步发展的新兴产业。

5.1.2.2　修复自然资源的"逆生产"

自然界通常是物质生产的来源，我们在自然界可以获取物质产品的材料。水资源污染防控产业就是在物质生产过程中，为防止人类污染水资源和破坏生态平衡，提供技术支撑，或者是改良那些对环境不利的方法，让水资源得到恢复，让自然回到自己以前的状态。

5.1.2.3　公益性

水资源污染防控产业除了在生产设备和清洁技术方面能发挥功效之外，在开发环保产品方面也能提供各类条件。水资源的作用在于保护生态环境，这个特性决定了它的公共特性，具有非他性和不可分割性等特点。

5.1.2.4　整体性

水资源污染防控产业是整体性极强的产业。在国民经济中，水资源污染防控产业与各产业都紧密地联系在一起，影响力遍及各个行业。在基础设施建设、农业生产、生态环境以及保护水资源等方面，水资源污染防控产业和第一产业相互作用。在预防和治理工业污染，开发环保产品以及让水资源得到充分利用方面，又和第二产业产生了密切的联系。在世界范围内的贸易合作、设计相关的环境项目、对水资源循环的评级、营销的环保化、清洁生产服务等方面，又和第三产业相互影响。以上的各种关系又会呈现出交叉性的关联性。

5.1.2.5　局限性

众所周知，水资源是一种稀缺资源，而且它能被重复使用，但是当它以某种特定的形态出现时，自然生态圈的自我修复力就是水资源可循环使用的基础，一旦水体被污染物过度侵蚀，被污染的水资源就会因为污染物的不可降解性而变得不可逆转，即使它的形态没有变化，但实际上，这样的水体已经不能被称为资源。在我们毫无顾忌地破坏环境的背景下，防控不可能解决所有问题，就必然会有其局限性。

5.1.3　水资源污染防控产业的分类

5.1.3.1　发达国家水资源污染防控产业的分类

在搜集完全世界有关水污染防控产业的数据后，我们发现西方发达国家在这个方面的成效比较明显，因此这些国家的资料更加翔实、具体。水资源污染防控的一个重要部分就是水污染治理，现有必要将这些内容也列举出来。

在德国，水资源污染治理产业包含生产机器设备的厂家和提供相关商业服务的厂家。这些厂家的初衷都是为了更好地保护水环境，然而，水污染防控产业并不包括对废弃物品的循环利用和管理，也不包括对水资源环境设备的维护和咨询。

在意大利，水资源污染防控产业是一个比较狭义的概念，它指的是特定经营企业的总体集合，这些企业都是以保护环境为最终目标。这个目标主要涵盖了以下几方面内容：清除城市中和工业生产中的废水；减少废水的排放；处理居民生活中和工业生产过程中的液态废弃物。

在挪威，水资源污染防控产业包括：那些专门用来清理污染水和污染物的设备；海洋安全，以治理石油的泄漏为主；对地理信息的测度；处理废水和相关循环设施；咨询公司和研究机构的咨询事项。

在美国，服务、资源和设备这三大类共同构成了水资源污染防控产业。服务类主要有：分析服务、修复服务、废水管理、工程和咨询。资源类主要有：公共用水、修复资源、环境能源的来源。设备类主要有：化学药品和水处理设备、防范和治理水域污染技术、管理废水设备、精密环境仪器的制造。美国在环境产业方面已经位于世界的前列，而水污染治理产业是环境产业的核心部分，这个产业具备了合理的结构和齐全的种类，也是美国主要的出口产业之一。

在日本，按照 OECD（经合组织）关于如何对产业进行分类的有关原则，可以分为有效地利用资源的产业、生产减少环境负荷的产品的产业和采用防治环境污染技术的产业。根据对象的不同，环境产业主要有以下两大类：一类是以先进的技术为依托的技术型环境产业，另一类是以人类社会、经济行为为依托的人文型环境产业。人类保护环境、重视自然与社会和谐发展的重要理念可以很好地体现在产业内涵里。前者是通过改进技术和开发先进技术来减少污染物的排放，通常都涉及事后的处理。而后者则是通过改进相关的系统和制度来实现其保护环境的目的，有效地建立特定的管理体系，提升全民的环保意识，在增加经济效益的同时，也兼顾社会效益。技术型的水污染防控产业有：水污染的预防技术、适当的整顿废弃物品、生物材料和清洁能源以及与环境一致的设备；人文型水污染防控产业有：评估环境的效果、环境询问、环境教育以及提供情报信息，甚至还包括金融和物流。其他的划分形式还可以将水资源污染防控产业概括为以下六个方面：保护水资源；修复水环境；处置和循环利用废水；提供与环境相协调的能源；提供对环境有益处的产品；提供不违背自然的生产环境。

5.1.3.2 我国水资源污染防控产业的分类

如果以我们通常的分类方式对水资源污染防控产业进行划分，会有些不合适。因为这个产业兼具了第一、第二和第三产业的部分特征，且其应用范围也十分广，从化工生产、机械制造、生物技术、电子科技，甚至是经济管理等领域，产品被接受的范围更广。毫不夸张地说，水资源污染防控产业是最具影响力的产业之一，硬要将它划进某一类产业，是一件很困难的事情。

从本质和内涵上看，水资源污染防控产业具有以下属性：它是为了预防水资源受到污染、保护生态平衡发展、合理使用水资源以及更好地满足公众对水的需求；为社会的和谐和可持续发展提供产品和服务。相关产业具体可以分为以下三类。

第一类：保护水资源产品。它是指用于防治水污染、保护生态环境的设备、材料和药剂、环境监测专业的仪器，包括治理水污染的设备、治理空气污染的设备、治理水污染的专用药品、材料和环境检测仪等。

第二类：水资源综合利用。加工和处理废水等。主要指回收和利用那些生产过程中的废水和废液。

第三类：水资源保护服务。与水资源密切联系的贸易行为。其中有水环境技术、工程的设计和施工、水环境的监测、咨询水污染治理设施运营、废水资源的回收处理、金融服务与环境贸易；提供清洁产品与技术的生产和使用的服务。

5.1.4　水资源防控产业的发展特征

5.1.4.1　逆序性

经济社会的发展水平、产业的结构以及环境的状况影响着水资源污染防控产业的发展。按照我们的传统理念，产业结构的升级和更新都是从第一到第二再到第三这样的顺序，水资源污染防控产业结构的更新和升级却和这个一般规律不同。而水资源污染防控产业的产业结构变化发展却呈现出如下规律：刚开始是第二产业，工业化破坏了环境，因此，优先发展的是为了末端治理工业污染的环境设备和污染治理技术产业；随后才是第三产业和第一产业，当末端治理已经不足以控制局面，从源头上加以控制就显得尤为重要。由此观之，水资源污染防控产业的内部产业结构是由第二产业到第三产业再到第一产业。

5.1.4.2　层次性的驱动因素

水资源污染防控产业的产生和发展的驱动因素显现出层次性。原因在于，虽然水污染严重阻碍了社会的发展、影响了人们的身体健康，但是我们却没有明确地分配水资源的产权。在这个产业发展的最初，水资源具备公共品的特点，因此相关部门只能在强制手段的协助下，让实施污染的主体自己为自己的污染行为埋单。治理水污染只能靠政府自行投资各类公共环境设施的建设来缓解水环境被破坏的局面。在这个阶段中，驱动水资源污染防控产业发展的重大因素是政府所出台的法律和政策。在水资源污染防控产业的发展阶段，经济效益会慢慢地在产业内部形成良好的发展态势，进而自发形成一种成本和效益的体系。企业等投资主体以利益最大化为最终目标，并花更多的精力和时间去投资水资源防控项目，因此政府和企业是驱动这个产业发展的重要动力。只有当企业和公众的环保意识不断得到提升，环保型产品被越来越多的人接纳之后，消费者和企业才会成为驱动水资源污染防控产业发展的重要因素。

5.1.4.3 国与国之间的不平衡性

发达国家和发展中国家的经济发展水平不同是一个客观事实，这就使得这两类国家的水资源污染防控产业在技术水平、产业规模、产业组织和产业绩效方面都表现出很大的差异。毫无疑问，经合组织（OECD）成员国在水资源污染防控产业的发展水平必然是最高的，这些国家在此产业上的特点是：技术含量高、规模比较大，产业结构大致上也从低级向高级转化，合理且特点突出的产业组织计这些国家比非成员国国家更具有竞争力。从规模上看，绝大部分发达国家的情况是环境保护产业的总产值占 GNP 的 3%~5%，由此观之，环保产业的有序发展对整个国家都有着重要的意义。从技术方面看，发达国家更重视技术上的创新，且这些方面的创新都具有较强的目标性，因此，它们理应在解决本国乃至全世界的水污染上发挥重大的作用，其发展的重点也逐渐从尾端治理转向起始的防范了。比如说生产出洁净的产品、开发出洁净的技术，这种思路的转变对水污染的治理是具有重大意义的。从产业组织和产业绩效上看，发达国家的环保产业具有较高的集中度，规模大、专业化程度高的企业较多，通常人均劳动生产率也很高。在一些国家，其水资源污染防控产业呈现出越来越多的出口化特点，这些国家已大致上完成了环境优化和水质提高的目标。就水资源污染防控产业而言，发展中国家的水平还是没法和发达国家相比，发展中国家主要是终端处理，产业规模较小，环保技术落后、设备老化、运行成本高、专业化水平低，所产生的效果不突出。

5.1.4.4 产品结构发展的层次性

在水资源污染防控产业的发展过程中，伴随着越来越明晰的产品结构。由最开始的污染治理型产品转向污染预防型产品，由终端处理型产品到向生命周期全过程治理控制型产品转变，从以前简单的收集和处理废水，到如今对废弃物进行减量化、资源化和无害化的转变。由此观之，水资源污染防控产业就是从单一的环保功能到复合型、全面型功能的转变。

5.1.4.5　产业范围的不确定性

考虑到经济发展水平、环境管理的制度、公民的环保意识、法律的完善程度以及向下的执行情况，更考虑到环境和生态被破坏的程度，不同国家、不同阶段以及不同时期的水资源污染防控产业的实行范围也各有不同，发达国家的产业范围通常更宽泛。在工业化的前期，由于受到工业的严重污染，生态环境受到了严重的破坏，末端治理的设备生产和技术开发是水资源污染防控产业的主要适用范围；而在工业化的后期，其适应范围从终端扩展到最初的防范和预防上来，这便客观地增加了这个产业的不确定性。

5.2　水资源污染防控产业技术

水资源污染防控产业是科技含量较高的产业，这个产业生存与发展的重要途径就是技术的进步。水资源污染防控产业强调控制污染和预防污染两者的结合，因此必然要发展低成本、零污染、效果明显的环保技术。考虑到我国现阶段水污染的情况，我们仍然在使用一些化学和物流方法来解决眼下的问题，但是随着科技的不断发展，一些新的技术正在被不断地使用。总而言之，发展水资源污染防控产业的必要途径就是科技创新，加大研发投入，加快企业的技术创新能力。

水资源污染防控产业技术和我国的水污染工作同步进行：20 世纪 70 年代，伴随着工业化的快速发展，我国水污染防控的第一要务就是处理工业上的废水。一经认识到生活污水对生活的危害，全国范围内就开展了一系列城镇和城市的废水处理工作。随着人民生活水平的提高和经济发展，农村的污水处理也受到更多的重视。

政府也慢慢地意识到了水污染资源防控工作的重要性，因此对环境的要求也更高了，水资源污染防控技术的发展重点也在不断地扩展。事实上，政府与许多企业都很重视水污染防控技术领域的技术研发，也取得了一些成绩，其中的一些研发成果也基本上能和国际发达国家保持一致，但涉及主要设备和关键技术方面，仍然没法与发达国家相提并论，这主要表现在膜生物反应器（MBR）、紫外线（UVC）消毒器以及三级处理装备和技术。妨碍我国水资源污染防控技术进一步发展的原因在于科技创新能力不足。

5.2.1 城市污水处理技术

在"八五"和"九五"期间，我们盲目地从国外引进那些可以处理污水的技术。"十五"之后，我国基本上走向了自主创新的道路，通过对国外先进技术的消化和吸收，自主研发的新技术就被运用在各类城市的污水处理上。其中，最为广泛运用且受欢迎程度最高的就是氧化沟技术。随后，SBR 技术同样走上了发展的道路。在新的城市污水排放标准出台之后，厌氧好氧工艺法在污水的处理上被重新推崇起来。于是，氧化沟、SBR 以及厌氧好氧工艺法这三种技术成为我国大多数城市处理污水的主要应用技术。

"十五"期间，关于"更好地建设小城镇污水处理厂"的有关议题被政府官员重视起来。随后，便出台了一系列政策，众多的研发机构开始研究如何更好地处理小城镇的污水处理厂问题。对大中型污水处理厂的技术最开始是从移植性出发的，比如好氧缺氧活性污染泥、氧化沟法等。另一种情况是，开发国际上那些已经完成或者已得到初步应用的工艺技术，将这些现成的技术应用于我国小城镇的污水处理问题上，比如 SBR 变形工艺。在我国，小城镇在处理污水问题上有其自己的方式和标准，其中比较有名的有"水解酸化＋接触氧化"、"物化强化二级生物处理技术"、"好氧生物流化床技术"，等等。

5.2.2 工业废水治理技术

"九五"期间，在国家"一控双达标"的政策实施之后，对于那些在废水处理方面没有符合相关规定的企业，各地都采取了相应的措施。正是在这样的背景下，正是在市场需求的不断推动之下，工业废水处理技术和技术服务业才能有序发展。

大部分的工业废水处理其实都不难，通常的技术就能取得较好的效果。近年来，在技术上更注重技术的融合，一般都是将物化处理技术和生物处理技术有机结合，选择性地从废水中回收有用物质，降低处理难度、减轻环境的污染，更重要的是减少处理成本。还有一些行业，比如化工、造纸、酿造和医药等都缺乏有效的处理技术，因此，在技术的研发需求方面会显得尤为突出。

5.2.3　废水与污水回收利用技术

近些年，国家为推行污水的资源化，已陆续推出一些政策，并且最大限度地回收和利用工业或者城市中产生的废水。随之而来的是污水回用技术的迅速发展，通过采用超滤（UF）、微滤（MF）、纳滤（NF）和反渗透（RO）的搭档组合，即"双膜法"，建立了一系列回收和利用废污水的工程。

5.2.4　膜材料与膜应用技术

膜材料和膜应用技术的研发得到了国债项目的鼓励，进而得到全面的发展和进步。在我国，膜材料的研发已经取得了不小的进展，基本上不用过多地依赖发达国家的技术帮助。在自主创新的推动下，我国已经基本上具备开发属于自己的膜材料和膜组件的能力。在这些技术上的创新和开发，不仅填补了我国膜产品和膜技术的空白，也丰富了膜材料的类别。

因为我国自产膜材料已投向市场，就打破了发达国家在膜材料上对我国的绝对控制。自 21 世纪初，伴随着膜组件市场价格的迅猛下跌，各类膜组件和膜材料价格也随之下降，这种情况不仅仅出现在国内产品上，进口产品也无法幸免。膜材料和膜组件的价格在普遍降低，客观地推动了国内膜技术的发展，让膜技术在水污染治理上的应用变得越来越频繁。

5.2.5　海水及苦咸水的淡化技术

21 世纪以来，我国的海水淡化工业进步神速，不仅建设了规模较大的海水淡化示范工程，比如 1000 吨、3000 吨以及 10000 吨的工程，而且分别在浙江玉环、山东青岛以及天津建设了 30000 吨/天、50000 吨/天、150000 吨/天的海水淡化工厂。另外在国内许多大城市都有计划地采取相应的建设计划。截至目前，"双膜法"（UF＋RO）和低温继续蒸馏法（MED＋TVC）是海水淡化技术的两大基础。

我们可以充分地预见，我国的海水淡化市场的潜力是巨大的，单单一个渤海湾就有 500 万吨的治水规模。考虑到海水淡化技术对进口产品的依赖程度还比较高，因此，我们应该花更多的精力去研发自己的产品。

5.3 我国水资源污染防控产业的发展现状

改革开放以来，随着我国工业化的不断成熟和发展，尤其是在落实科学发展观以后，水资源污染防控产业也在不断地发展壮大。

5.3.1 我国水资源污染防控产业发展的基本情况

自 20 世纪 70 年代中期，我国的水污染防控产业就应运而生，每过一个十年，就进入一个不同的时期。从萌生期到初创期，再到发展期，产业内的销售产值大都以 25%的增长率高速增长。进入 21 世纪以来，在"十五"期内，尽管增长的速度不及以前的那么迅猛，但是依然表现出强劲的增长态势。"十一五"期间，为了更好地贯彻科学发展观，各级政府在保护环境上都增加投入，水污染防控产业的增长速度再一次进入了高速增长阶段。2010~2013 年，销售收入就以43%的增长率增长，而年平均增长率则以约 13%增长。2008 年的全球金融危机，虽然对此产业影响较大，但是仍然表现出不俗的增长态势。到 2014 年，我国水污染防控产业就有 26000 个企业，经济规模高达 1100 亿元，约占整个环保产业的 1/4。

5.3.2 我国水污染防控产业发展面临的问题

虽然，我国水污染防控产业的发展已经取得了让人比较满意的成绩，但是和美国、韩国、加拿大以及欧洲各国相比，差距仍然十分明显。具体表现在以下几个方面：①我国的企业中普遍不存在太明显的经济规模，行业中的设备或者技术的标准化程度不高，产业中的企业规模较小，规模适中的企业也较少，更别提那些各方面综合能力都很强的大企业；②不合理的产业组织和结构严重地制约着所属服务业的发展，使得服务业不具备相应的条件进行市场化交易；③总体技术偏低，科技成果的预期效果不好，未能充分地体现环保产业对国民经济以及各个产业的带动和渗透作用；④政府未能有效地引导环保产业的发展方向，所出台的一系列监管政策达不到预期目标，投入资金不足，融资的渠道单一。我国与其他各国在水污染防控产业方面产生差距的原因可以从以下几个方面进行分析。

5.3.2.1　较小的市场规模

截至目前，中小规模的企业占我国水资源污染防控产业的比重最大，企业的设备不够先进，科技化含量偏低，没有足够的条件去构成规模效益。在保护生态环境的各类生产和经营活动中，一个优质的水环境是水资源污染防控产业所能做出的最大贡献，而这个环境又是公共物品的典型范畴。因此，政府的大量投入是发展水资源污染防控产业的重要途径之一。水作为政府投入的产成品，具有非排他性和不可分割性的特点，无法很好地进行市场交易。在这种特点的制约下，我们无法有效地将这个产业成功地推向市场，无法让其在市场的力量下进行自发调节，也无法让资源得到有效的配置。尽管如此，清洁生产技术、水资源污染防控设备生产等环保产业却能提供私人产品，这些物品的本质决定其可以在市场上进行有效的交易，然而在现实生活中，这些产业的市场化程度却不高。这些具备市场化运营条件的环保产业的生产经营却没能很好地遵守市场客观规律，加重了政府的压力，阻碍了水资源污染防控产业前进的道路。从市场层面来看，足够的市场需求是产业蓬勃发展的必要条件。从国内的现实情况分析，水资源污染防控产业的市场需求还未达到饱和，因此是可以不断扩张和发展的。以下的事实可以支持这一论断，因为我国的水资源环境恶化情况很严重，再加上不加节制地开采地下水资源，导致了我们在水资源综合利用、废水的再回收利用、环保技术和材料上产生了极大的需求，因此未来的市场是相当巨大的。考虑到水污染企业依然是利润最大化的经济主体，融资渠道有限，治理成本高，哪怕治理产生了令人满意的效果，但直接经济效益也并不可观。因此，企业并不会特别愿意去购买环保产品和环保服务，这种博弈的必然结果就是减少了市场的需求。

5.3.2.2　有效供给不足

水资源污染防控市场是一种既存在过度竞争，也存在垄断竞争的市场结构。水资源污染防控企业大多数是提供公共基础设施、为城市供水的企业，因此进入壁垒会相对较高。水资源污染防控企业中大部分是政府或行政事业单位进行垄断经营，普通的企业一般没有机会进入市场，这样的产业通常被称为行政垄断型环保产业。因为水资源污染防控产业是科技含量较高的产业，不管是生产还是维护，较高的技术都是必不可少的。不管市场的潜在需求有多大，因为技术不过关、资金不充足以及防控标准不统一，很多企业都不会选择进入。在这样的背景下，技术上的限制和较严苛的准入标准导致了此产业内的企业数目不足，导致了市场上的供给和需求的严重不平衡。而在水资源污染防控产业的污水处理制造业中，对资金和技术不会做太高的要求，导致了企业的数目众多，出现了过度竞争的局面。这些企业内部存在产能过剩以及集中度低的问题。事实上，末端的污水处理机器设备开发和生产、综合利用水资源才是大多数水资源污染防控企业的集中区域，而其他方面就会显得更少。虽然污水处理设备运营还处于垄断经营的状态，但是随着科技的日新月异、资金运营模式的增加和政策法规的变动，相信未来会有更多的希望对生态环境做出贡献的水资源污染防控企业加入这个行列，不断地满足社会公众的需求。

5.3.2.3 运营管理不科学

我国水资源污染处理设施的运营管理模式大致分为以下两种：一种是主动型，排污企业自行建立污水处理设备，自己负责自己的运营情况。在这种模式，企业自行承担所有费用，在设备正常的情况下，需耗费昂贵的运营成本，作为一个理性的经济人，企业不太愿意接受设施正常运转的情况。另一种是被动型，政府出资建设污水处理设施，而运营主体却是具有非营利性质的事业单位。在这种模式下，政府会出资对环保设施进行投资，但是这种模式下的运营并不像平常的企业经营机制，因为负责管理的主体并没有进行企业经营，也没有核算相应的成本和收入，因此并没有明显的收益。在这种模式的实施之下，运营主体就没有动力和责任心，所以无法保证污染防治设施的良好运行。这两种模式共通的弊端就是效益刺激不足，导致企业治理污染的动力不足，最终的结果就是，环保设施因为不能得到有效运营而无法实现相应的环保价值。不管是政府还是企业，如何运营好污水处理设施都是一个亟待解决的问题。

5.3.2.4 无序的市场竞争

在竞争中，不断地获取经济利益是企业生存和发展的不竭动力。因为水资源污染防控产业缺乏有力的竞争，导致那些水资源防控企业可以通过非市场的办法获取超额利润。在这样的情况下，市场分割更加严重，严重地影响了市场的客观规律，市场上的供求关系无法在价格上得到充分的体现，资源更无法得到优化配置。我国的水污染防控产业一直都是买方市场，大部分的市场供给都是供过于求。水资源污染防控产业中的大多数企业面临着不完善的市场机制，供给和需求严重不平衡。为了生存，企业一方面只有提高产品质量、压低产品价格，而另一方面只能通过一些非市场的手段来获取利润。

5.3.2.5　不健全的监管体系

市场上很多问题的存在都是因为没有建立一个完整的市场管理体系以及缺乏一个强劲的监督机构。在市场监管不够的情况下，我们不能正常地推行相关的示范鼓励政策，不能有效地传播有用的信息，导致了信息不对称，最后造成了供需双方的脱节。

在市场管理的过程中，政府有时候不能准确地找到自己的定位。在政府参与的情况下，企业就会进行垄断性经营。在市场竞争不足的背景下，企业就不具备提升劳动生产率以及改良技术的压力，不健全的企业制度使得企业无法对市场的变化做出正确的判断。

5.3.2.6　产品和产业结构不合理

我国的水资源污染防控产业历经了多年的发展，现如今已形成了一定的规模，但是产业结构的不合理，很难形成规模效益；产品结构的不合理，很难实现高效的运转能力；地区发展的不均衡，导致综合治理能力不够。尽管国内有很多水资源污染防控企业，规模较大的企事业单位所占的份额却不多，能顶"半边天"的企业更没有几个。OECD 国家的情况有所不同，那些国家的小型环保企业的小型环保企业的技术支撑大多来源于研究机构，核心竞争力还是比较高。反观我国的小型企业，大多数是乡镇企业，规模小，研发能力不足。因此，我国水资源污染防控产业未能形成规模经济的现状，严重制约了这个行业的进一步发展。

5.4　如何推进我国水资源污染防控产业的发展

为了更好地促进水资源污染防控产业的未来发展，我们应该借鉴发达国家的成功经验，在符合我国实际情况的基础上，提出有意义且实施性强的解决办法。

5.4.1　规范市场秩序，完善相关的政策法规

我国水资源污染防控产业正开始终端治理的步伐。不够完善的市场机制，各企业不具备充足的环保意识，再加上一些行业自身的外部性，使得我国水资源污

染防控产业对政策的要求更高。具体的政策可以从以下几方面进行分析。

5.4.1.1　强化法律建设，增加有效需求

如何更加有效地采取相关行动是我们现在工作的重点，完善法律漏洞，更好地推进循环经济法、能源节约法以及水资源防治法的制定和执行。与此同时，加大对相关部门的执法监督力度，强化对企业的审查工作，明晰各方在水资源污染方面所承担的社会责任，其中包括政府、事业单位以及公众。另外，限制政府的相关行为，加强政府的社会责任感，建立以水环境为参考对象的领导审核制，将水环境的改善情况纳入社会经济发展的考核体系，通过经济、环境和技术政策来扩大对水资源污染防控产品的有效需求，让潜在市场更好地转向现实市场，力所能及地提供一个规模齐备且市场因素充足的交易环境。

5.4.1.2　完善环境税费体制，用经济杠杆来规范各方行为

考虑到我国的现实状况，通过参考西方国家成功的环境税费征收经验，更快地实现"以量计税"到"以价计税"的转变，让资源税的改革可以以资源税目为目标标的，也就是从以前的以产品数量来征税转变为以产品价格来征税，并且创造性地征收碳税和环境税，对排污收费等制度进行改良，制定让公众接受的标准，通过一系列的经济杠杆来协调企业与个人在水资源使用上的经济行为。

5.4.1.3　完善相关优惠政策，刺激企业治理水资源的积极性

为了更好地提升企业防污治污的积极性，让国家投入的资金得到更好的利用，财政部门应当对相关企业进行水资源污染防控补贴，同意企业在水资源污染防控上所花的费用纳入生产成本，并且加快防控设备的折旧速度。财政部门还应鼓励银行对购买水资源污染防控设备的企业给予贷款上的优惠，重点帮助这类企业获取更多的设备和技术，从根本上扩充企业的融资和贷款渠道。

5.4.1.4　建立鼓励机制，支持水资源污染防控企业参与国际竞争

西方国家的成功经验告诉我们，应当加大国家出口份额，有针对性地将外交策略与贸易策略应用到环境保护上去，更好地发挥政府在水资源污染防控产业中的带动作用，更好地让国内的环保产品在国际市场上站稳脚跟，推进国内水资源污染防控企业积极地加入到国际市场的竞争当中去，提高内在竞争力。

正确的环境政策是任何一个国家水污染防控产业得以良性发展的不竭动力，成功、有效的环境经济政策可以更好地推动水资源污染防控企业在国际竞争中取得好成绩。

水污染防控产业要想获得更好的发展，一定要有环境政策的支持，水污染防控产业在任何一个阶段都离不了环境政策。在社会主义市场经济背景下，环境经济政策包括价格、税收、信贷、投融资、进出口以及宏微观刺激。因此，为了保障环保产业有序发展，建立一系列切实可效的政策体系是十分必要的。

5.4.2　改善投融资渠道，建立完备的投融资机制

水资源污染防控产业的协调有序发展，离开了有效的投融资机制模式是不可能实现的。所以，我们有必要明确划分投资主体在环境方面的各项权利，可以清楚地分辨出投资主体是政府企业还是民间企业，明晰政府作为内在投资主体和企业作为外在投资主体在环境保护问题上所承担的义务和所赋予的责任以及这些责任和义务之间的关系，试图建立一个具有以下特点的投融资模式：融资形式多种多样、投资主体既有政府组织又有民间组织、规范化的资金管理以及制度化的刺激机制，这不仅仅是市场经济的客观要求，也是推动水资源污染防控产业健康有序发展的必经之路。

5.4.2.1　投资机制的多元化

在中国特色社会主义市场经济的背景下，不管投资主体是政府、企业还是个人，都要严格遵守"污染者要承担相应的费用"以及"使用者也要承担相应的费用"这两大规矩来相应地承担自己应尽的社会环境责任。其中，政府的主要职责就是负责建设人人都能享有的基础设施、综合治理各个地区之间的污染防控、出台相应的法律法规；企业则要增加治污防控的经济投入，尽可能减少对环境的破坏，在保持一定经济效益的同时，注重企业生产过程中所产生的社会效益；个人虽然有权享有环境公共设施对其自身带来的各种好处，但都是建立在付费的基础上。为了让各个经济主体都充分发挥各自的主动性，环保产业的投资主体应尽可能地多元化，理应让政府、个人、企业以及外资公司都参与其中。在以政府为核心投资主体的基础上，尽可能地引进民间资金。

5.4.2.2　完善债券、信贷和资本市场有机融合的融资机制

相关部门应该创新融资机制，一方面要发挥资本市场在水资源污染防控产业上的重大作用，增加与水资源污染防控产业相关的企业的上市份额，鼓励所有的上市企业融合在一起，提升在资本市场上的再融资能力。另一方面要开辟民间资本的投资渠道，采用移交、运营等形式，更好地实现环保基础设施的市场化效

率，补足政府在环保工程上可能存在的资金问题，从一定程度上缓解政府的投资压力。还有就是充分利用公众的力量，发行环保型债券，以此来聚集污水治理的资金。

5.4.2.3　改良环境基金的管理运营方式

环境基金，是一种专门为环境保护而建立的特殊基金，可以从某种程度上减小市场或者政府失灵的影响。一旦这些环境基金成立以后，社会对环境产品的有效需求就会增加，这样就会推动环境市场的现实需求量慢慢地接近潜在的需求量。为了确保环境基金的运行不受其他因素的影响，必须保障环境基金在投入环保项目的科学性、公平性和有效性，有必要邀请那些具备专业技能的基金管理人员来负责管理，并定时对这些从业人员进行考核，更好地保证资金可以用到环境保护的实处。

5.4.2.4　设计好有执行性的投融资激励机制

相关的部门可以通过财政担保或者是贴息等方式来尽可能地加大对企业的资金激励和融资支持，多方位地用公众资金来支撑水资源污染防控企业的运转。建立更多的投资公司、担保公司以及相关的基金为水资源污染防控产业服务；设立与此产业相关的信用担保基金，国家财政作为主要的资金注入方，为企业在长时期内提供无息或者低息的借贷，并且以政府的信誉为那些潜力巨大的企业提供信用担保，帮助它们在融资的过程中尽可能地降低交易费用；在相关的银行中可设立专门的环保型贷款，可以与世界一流的金融机构在这方面进行更加紧密的合作，实现世界范围内的贷款一体化；对于那些可以在市场中解决的环保领域问题，尽可能地降低直接性投资，以此来减少国家投资对于公众资金的挤出效应；根据治理效果和达标要求，有针对性地对一些环保技术型企业给予财政支持，以此来提升资金的使用效率。

5.4.3　加大创新的力度，促进产业结构的转型和升级

产业发展的最终动力来源于技术的创新，我国水资源污染防控企业为了更好地在世界竞争中取得长远发展，技术上的不断进步是必不可少的。因此，水资源污染防控产业应当加大技术上的研发投入，将重点放在生物环境技术的推广上。

5.4.3.1　大力发展水资源污染防控技术服务业

我国水资源污染防控产业的核心是技术服务业，这是一种全新的科技产业，

也是衡量一个产业发展水平的参考指标。一旦环保技术创新和技术服务很好地融合在一起，就能推动水资源污染防控行业的蓬勃发展。相关的管理机构和组织要正确地引导该行业的方向，在开发产品和技术上，在扩大市场需求上，在认清发展方向上，提供一些有实际意义的建议；完善有关的扶持政策或者优惠政策，对于那些从事水资源污染防控产品生产的企业，可加大对它们的资金支持和补贴力度；采用规范化的管理模式来帮助市场的正常运行，让市场可以形成一个以技术进步和创新为依托的竞争格局。行业的监管部门应当加强行业间的管理，提高相应的技术壁垒和进入准则。

5.4.3.2　着力加大水资源污染防控的技术创新

产业发展的决定因素是技术进步，技术创新能力强的企业能在竞争中获得有利的先入条件。一个缺乏技术支撑的企业，其核心竞争力就会急剧下降，逐渐被其他的企业淘汰。尤其是对于水资源污染防控产业这些对技术要求较高的行业而言，技术创新显得更加重要。而我国的实际情况却是技术是水资源污染防控行业最需要提高的地方，这严重制约着该产业的发展。目前，我国在污水治理技术上依旧只处于治理排放的阶段，没有进行系统、全面的技术研究，未能建立一套合理的技术评价体系，因此，加大对技术的研发是未来水资源污染防控产业的一个必经阶段。

鉴于我国的实际情况，我国水资源污染防控产业今后应当从依赖进口产品到引进新技术的转变，不能只是简单的技术引进，而应该在消化、吸收的前提下，进行自我创新。我们既可以采取专利的购买以及技术投资的形式，将国外高新的技术为我国所有，在我国技术的客观前提下实现技术的国产化。

5.4.3.3　强化产品制造过程中的技术创新

企业可以强化产品制造过程中的创新。制定相应的产品指南，鼓励企业进入那些尚未被研究的产品研发中，鼓励企业对现有产品技术进行改进和提高。重复强调水污染治理中的目标，脱离以前那种走模仿他人、低质量开发的轨道，鼓励自主创新，重点强调知识产权的重要性。制定和修订国家层面的行业标准来保护相关产品正常、有序地投入市场，鼓励社会各界对产品的开发出谋划策，奖励那些高层次的技术研发和产品创新企业，设置一系列的奖项和项目来进行激励。

5.4.4 改良技术准则，建立和国际接轨的产品标准体系

我国水资源污染防控产品的标准体系尚不完备，尽管产品类别较多，可是标准却偏低，和国际上的同类产品相比还是有差距的，现有的质量和技术标准体系都不足以为水资源的治理提供很好的保障。所以，我们要推进产品体系的规范化进程，建设以行业技术政策和产品加工标准为主要内容的标准体系，以便更好地协助有关部门在产业技术上的管理。在有关监督部门的监管下，以大型环保型企业为核心，共同建立一个适用于全行业的检测系统，建立相关的产品监测平台和技术验证平台，以保证相关的技术和设备在市场上使用时具有更高的效率和质量。与此同时，鼓励更多的企业采用国际化的知识产权标准来严格规范自己。

5.4.5 提升民众对于水资源污染防控的意识和参与积极性

一个国家的文明程度如何可以体现在这个国家民众的环保意识上，环保意识的高低会直接影响环境政策落实的效果。为了更好地提升公众对于水资源保护意识，适当地改变教育方式是十分有效的，应当将强制性的交易转变为自身主动的参与。通过对公众进行多方面的科普，让社会各界可以在自己的脑海里形成保护环境的意识；再加上强制性的法律作用，以此来提高对《环境保护法》的认识；环境保护要从中小学开始普及，要把对水污染防控的相关认识作为素质教育的重要部分，让孩子们从小就知道节约水资源、爱护水资源的重要性；让相关的环境信息透明化，赋予公众足够的知情权，鼓励公众为制定环境政策各抒己见，让环境管理在"阳光"下运行；组织民间团体开展各式各样的环保活动，鼓励民众从小事做起，从点滴做起，尽可能提高水资源的利用率，进而达到保护水资源的目的。

第 6 章　水污染治理中的公众参与研究

6.1　水污染治理中公众参与的内涵

6.1.1　公众参与的内涵

公众参与是一种新的民主形式，标志着一个国家的民主化进程，自 20 世纪中期在西方国家兴起，就成为了政界和学界的常用词汇，并且广泛地运用于公共事务的管理实践当中。[①] 在现实社会中，还是会有很多人混淆"公众参与"、"公民参与"和"公共参与"等相近概念，即便这三个概念确实有不同之处，但也有共通之处，就是对"公"的突出，这个"公"指的就是公众利益，参与到公共管理中，立足于社会公共利益。"公众参与"与"公民参与"具有完全不同的内在基础：[②] ①参与主体。公众的参与主体更宽泛，不仅仅涵盖了自然人概念，还涵盖了其他非政府组织和法人组织等概念；然而，公民参与的主体仅仅局限于自然人这一个概念。②参与内容。公众参与涉及社会公共事务，既涉及政治，又涉及社会、经济等与公众切身利益相关的事务。而公民参与主要指的是公民参与到政治事务中去，尤其重视公民所拥有的政治权利，如选举与被选举权、游行自由、结社自由等。两者相比较而言，"公众参与"并没有对参与主体有较多的强调，[③]"公众"二字就可以得到很好的体现，公众在这里是一个泛指的概念，公众通过

---

① 贾西津. 公民参与——案例与模式 [M]. 北京：社会科学文献出版社，2008 (1).
② 蔡定剑. 公众参与：风险社会的制度建设 [M]. 北京：法律出版社，2009 (3).
③ 王锡锌. 行政过程中公众参与的制定实践 [M]. 北京：中国法制出版社，2008 (2).

参与社会公共事务，在自身利益得到实现的同时，也在不断地扩大社会各界的整体利益。

在众多关于公众参与的论述中，本章采纳这样的一种定义方式。公众参与就是利益共同体通过某些特定方式参与到经济、政治和社会生活中，与政府进行有效的沟通和交流，并以此来影响相关决策。在水资源污染治理的问题上，公众通过特定的方式参与到水资源的治理当中去，也可以与政府就特定的问题进行协调，最后达成共识。

按照上述逻辑，公众参与的内容由三大要素组成：一是参与主体。因为我国的政治生活有其特点，公共事业管理的顺利进行仍然需要政府的重要指导。而我们这里所指的主体，主要还是指政府、公民和非政府组织。二是对象。主要是指由政府承担的公共责任，大部分都和公共利益有关。三是方式。可分为直接性的和间接性的。直接性的是公众直接通过表达个人诉求和意愿等方式来参与到公共事务中，其中不需要依托任何一方的力量。间接性的是公众必须依靠外在的力量才能让自己的意见和想法得以表达。

从社会学和政治学的角度看，公众参与到水资源污染治理的工作中，有以下意义：第一，公众的参与使得公共权利和社会利益的再分配得以实现，有助于建设公正、和谐的社会。第二，更好地制约和监管政府权力，促进政府做出科学而民主的决定。第三，更好地帮助公民树立参与公众事务的意识，促进民主社会的发展。[①] 尤其是在水污染治理等环境问题上，运用的是政府力量和公众力量这两股力量，尽管如此，公众的力量不会影响政府力量所产生的效果，从另一个角度看，政府应当将促进公众参与作为自身的义务和职责。由此观之，政府和公众应该是相辅相成的关系。[②]

6.1.2 公众参与的理论基础

6.1.2.1 法学理论——从环境的角度

法学强调权利的重要性，任何研究都是以权利关系为重点，环境法也不例外。公民享有平等的环境权利是治理环境污染的根本前提。

[①] 李艳芳. 公众参与环境影响评价制度研究 [M]. 北京：中国人民大学出版社，2004 (1).
[②] 贺振燕，王启军. 论我国环境保护的公众参与问题 [J]. 环境科学动态，2002 (2).

经济的快速发展催生了许多环境问题，因此各个国家都慢慢地开始重视环境的治理，全世界的学者和专家都就这些问题发表了自己的见解，进行了热烈的探讨。正是在这样一个新形势之下，有关于环境法律的相关理论也在不断地丰富和发展。何谓环境权，绝大多数人都会这样定义它，即相关主体对自然资源拥有不可抗辩的权利。具体来解释，就是环境权涉及两个层面：一个是从国家的角度，另一个是从公众的角度。前者指的是国家有权管理和支配自然资源，也就是说国家本着为公众和社会谋福利的目的，作为被委托人，通过各种各样的途径管理和保护自然资源。而后者则体现的是公民有权在一个和谐的自然环境中，幸福地生活，有序地发展，其中就包括我们对自然资源的使用权，知晓自然环境现实情况的权利、参与政府制定环境政策的权利以及有效的环境权益诉求权。总而言之，公众所享有的环境权利主要可以分为四种：对环境情况的知晓权；对环境污染的了解权；当周围环境受到破坏后的赔偿权；发展环境问题的参与权。

6.1.2.2　经济学理论——从公共财产的角度

在纷繁的理论里，由于"公共物品"理论的产生和发展，极大地影响了现在经济学的产生和发展。关于公共物品的定义和解释，有关学者定义如下：社会组织和集体因为社会公众的原因，提供的物品和服务。另外还有其他学者认为，公共物品是具有这些属性和特点的物品：当增加一个人对某个物品的享有时，不会对他人产生太大的影响，不会增加社会大众的成本和负担，但如果排除任何一个人对这个物品的享用时，却要耗费社会各界巨大的精力和成本。20世纪末，国际组织在《世界发展报告》中就做过这样的解释：公共物品是那些不具有排他性和竞争性的物品。和公共物品相对应的是私人物品，这类物品在消费上，具有极强的排他性和竞争性。一直以来，我们都习惯把那些不会枯竭的资源视为社会集体拥有的资源财产，例如空气。环境性公共物品具有非竞争的特点。水资源作为一种典型的环境资源，其非排他性表现在水资源使用者无法通过外力阻止其他人对水的使用。因为我们无法对环境资源的使用者征费，导致了私人没有太强的积极性去提供这类物品。从公共财产的视角去看待环境保护的相关问题，意义重大，既能引入公共参与，让全民加入环境保护的各类活动，透明化、科学化的管理方法可以提高公共环境财产的质量。

从公共财产的角度去解决环境问题，重点在于我们要明确公共物品的提供者是政府。政府提供公共物品并不意味着其要负责生产，这个生产公共物品的过程可以交与那些生产效率高的个体，而政府的职责只是简单地供给。效率高的个体负责生产，而政府负责供给的模式从很大程度上可以降低生产和供给环境类公共物品的成本，将社会效益最大化。在"政府引导公共物品的生产，但是却在市场上操作"的模式之下，我们应当积极地开辟适合我国市场经济的公共物品价格形成机制以及税收激励机制，通过更多的渠道让私人企业更加积极地投身到公共物品的事业中去，比如允许私人企业加入到垃圾的填埋和污水的处理行列中等。

6.1.2.3　经济学理论——从公共管理的角度

市场的流通不一定一直都是有效的，偶尔也会有无法正常运行的情况，这种无法正常运行的情况我们常称为市场失灵。市场失灵的频繁发生，就是市场的特点之一，也就是说市场经常会在资源和产品的分配上丧失效率。一旦"看不见的手"无法正常发挥作用时，那双"看得见的手"就会发挥作用。利益追逐体由于不了解情况，无法进行共同行动，导致了市场的缺陷，而政府在这种情况下却能克服此缺陷，所有的决定和政策都建立在公共利益之上，而不是私人利益。政府还能监管那些有损于共同利益的私人个体，以便更好地将社会总利益最大化，这样的社会监管具有极强的强制性，在一定程度上可改变社会人的预期。然而这些目的都是市场自身无法完成的。

和市场机制一样，政府这双"看不见的手"在经济的运行过程中也是必不可少的。经济学的鼻祖亚当·斯密就认为，政府同样有失去其功能的时候，公共垄断本就是政府的本质之一，正是因为这样的本质才会导致寻租的产生。考虑到市场失灵和政府失灵都可能发生，这就催生了新公共服务理论。新公共服务理论有一个重要的观点，即政府的基本职能就是为社会公众谋取利益。新公共服务理论将民主提升到了特别的高度，并强调政府、市场和公众这三方应该采取更加紧密的合作和沟通，以便达成多赢的局面。

在水资源污染治理中，采用新公共理论的意义重大。在实现公众的环保权益时，既不完全依靠市场规律，也不完全依靠政府的监管，而是在参与环境保护的基础上，积极地进行合作与沟通，明确互利共赢的最终目的，使得公共事务运作更加有序。[1]

---

[1] 李艳芳. 公众参与环境影响评价制度研究 [M]. 北京：中国人民大学出版社，2004 (1).

6.1.2.4　政府管理理论——从相关利益者的角度

公众参与理论的发展离不了相关利益者的支撑。相关利益者理论认为，相关利益者是自身利益会受到某些行为影响的群体，所以他们理所当然地参与到政策的形成和制定过程中。正是由于该理论的产生和发展，为公众可以合理地参与到环保法的制定中提供了充足的理论支持。

在水资源污染治理的问题上，社会各界人士就是最直接的相关利益者。从社会可持续发展来看，相关利益者指的是所有与人有关、存在的与可能存在的利益冲突以及其相关者。任何一个环境政策和行为都会对公众的生活产生影响，公众、政府以及企业这三者存在着某些相互作用和相互牵连的关系。一方面，企业的任何商业行为都会对公众的利益产生影响，如果企业只看重经济收益，而忽略了环境的承受力，不处理自己在生产和经营过程中所产生的污水，就会直接损害大自然的环境，进而对公众的日常生活产生很大的不良影响。另一方面，公众也可以参与到相关环保法的制定和实施过程中，通过这样的渠道间接性地影响企业的经济活动。由此观之，我们要辩证、客观地对待企业和公众之间相互作用的关系。

由此观之，相关利益者理论的本质就是在改变原有资源配置的前提下，把各个群体的利益都充分地考虑进来。一旦不同群体的相关利益出现了对立，应当优先考虑大多数人的利益，而不是极少数人的利益。这种考虑充分地体现了可持续发展的精髓，这种精髓指的是任何行为都不能破坏生态的平衡和资源的可持续发展。我们不仅要考虑自身的发展，还要考虑子孙后代的发展。

6.2　公众参与水污染治理的重要性

6.2.1　对公众环保权益的重要意义

水资源一旦受到污染，公众是直接的受害者。公众通过积极参与水污染治理的决策，充分表达自己的观点，可以丰富政府行为。公众通常对本地区的水污染情况是最了解的，在这个过程中，也会催生自己对环境权益的诉求，因此公众会极力将自己的意愿和观点向有关部门反映，以便政策制定者可以更多地关注民众的真实想法，以此增加政策的影响力，以便更好地杜绝损害环境权利的行径。

另外，公众参与也是一种事后保障机制。如果相关部门做出了破坏水资源的行为，损害了公众的环境权益或者相关的环保单位没能履行其环境职责，没能按照严格的规定完成相关事项，结果就会严重地损害每个人的环境权益，公众有权向法院提出申诉和控告，以此来维护自身的合法利益。因此，公众参与水资源污染决策的意义重大，既可以保护水资源的进一步恶化，又可以监督相关部门的工作。

6.2.2　对提升公众保护水资源意识的重要性

众所周知，任何问题的产生都不是单一的因素所致，而是多种因素综合在一起的必然结果，水污染问题适用这样的道理。在所有造成水污染问题的因素中，公众对保护水资源的意识是一个不可忽略的因素。公众参与水资源的程度与保护水资源的意识是相互作用和相互影响的。公众只有提高了自身对水资源的认识程度，只有自觉地去保护水资源，才能从根本上保证自己生存和发展的条件，社会的可持续发展才能得以实现。因此，公众的有序参与可以使得保护水资源的意识得到更多的普及和认可，这样可以从全方位改变社会各界对于水资源保护的观念，让水资源污染治理工作可以被更多的民众熟知，并得到他们的支持和理解，努力形成这样的一个格局：人人都爱护大自然生态环境，人人都珍惜每一滴水，人人都以充沛的精力加入到水污染的治理工作中去，人人都在努力构造一个更加美好的生存环境。

6.2.3　对提升政府治水效率的重要性

公众参与国家水污染治理事务，指的是公众通过某些特定的形式和渠道，积极地和相关部门进行对话和交流，就水污染问题，提出自己的观点和想法。在整个参与的过程中，最重要的环节就是政府有所作为，即涉及一个适应不同人群的公众参与程序，提出一个和实际相符的方案，方便公众在治理水污染上的意见和观点及时得到回应，这样相关部门也可以更好地与公众进行有效的交流和互动。水资源和每个人的生活都紧密相关，有关于如何更好地治理水资源的污染的相关政策和公众的根本权益更是息息相关。这便客观地需要公众可以积极地参与到水污染治理的相关政策制定当中去，这样不仅可以反映民众的想法，又能帮助政府所做的决定符合全社会的价值观。在解决和水污染有关的事宜时，相关部门在公众参与的基础上，掌握大众的意愿，充分了解不同利益群体的意见或建议，真正达到公平、公正的目的，在不同群体之间做一个良性的平衡，让所制定的政策是建立在全民意愿的基础之上，进而提升政策的有效性和合理性。这样的形式在很大程度上提升了环境政策的社会认可性，而且从某种程度上清除了公共政策可能产生的不良效果，这样的积极结果就是使得政府的政策制定和实施过程能够有效、有序地进行，从多维度提升有关部门的工作效率，降低监管部门的成本。

6.2.4　对推动环保事业有序进行的重要性

在众多的环境问题中，水资源污染问题已经成为人类社会不容忽视的问题。如何对水污染进行有效治理，如何采取更合理的行动来使每一滴水都得到合理利用，所有的一切都上升到环保事业的成功与失败的高度，这不仅是政府的责任和使命，同时也是全人类的责任和使命，需要我们共同努力和行动。目前，公众参与不仅是一个主观意愿的事情，其涉及更多的是国家层面的责任和义务。现如今，许多国家都纷纷出台各式各样的法律条文，对公众参与的形式、流程和事后的保障做出了明确的规定，应积极地将这些措施落实到污水治理的实际工作中去，进而不断改善公众参与机制。现在，国际上都纷纷意识到了治理水污染的重要性和迫切性，不仅如此，这还是一项为全世界谋求福利的事业，因此迫切地需要每一个人的热情和参与。对于政府而言，他们有必要为相关法律法规的正常实施提供保障，让群众的凝聚力尽可能地发挥出来，拓展公众参与的方式，使公众的每一份力都可以被充分利用到水污染的治理中。成功的经验告诉我们，公众参与到水资源污染治理的每个环节中，对推动环境保护的进一步的发展和成熟起着关键性的作用。

6.3　我国公众参与的现状及需要改进的领域

水不仅仅是一种基础性资源，也是一种战略性资源，对我国社会主义经济的发展有着极其重要的意义。现如今，经济的快速增长通常都是以破坏环境为代价的，一旦人类严重地破坏了水资源，就会催生生态危机，因此水污染问题已慢慢走进了公众的视线。"既要金山银山，也要绿水青山。"经济的发展和水资源的保护并不是对立的，而是兼容的。

6.3.1 我国公众参与的现状

6.3.1.1 立法现状

虽然在《中华人民共和国宪法》（以下简称《宪法》）中，找不到太多与环境保护相关的条例和解释，但还是会或多或少地做出相应规定。比如说《宪法》中第二条就提到《宪法》赋予公众参与国家各项事务的权利。

在众多法律中，我国环境保护的基本法是《环境保护法》。《环境保护法》中第6条和第8条规定的相关内容奠定了公众参与环境保护的法律基础。除了环境基本法，我国的单行法也对公众参与做出了明确的指示，例如《水污染防治法》和《固体废物污染环境防治法》。另外，我国的有关法律还认同公众发表自身意见的权利。在曝光环境问题方面，我国的法律也规定了相关事宜。广播、报纸、电视等媒介，理应在第一时间内表扬那些为环境保护做出贡献的光荣例子，把那些破坏环境的不良行径公之于众，充分发挥媒体监管、督促的职能。

在地方性的法规中，已逐渐显现出对公众参与的重视。从2013年1月1日起施行的《云南省滇池保护条例》就表明，我国有越来越多的省份在制定地方性法律时，将公众的参与作为一个立法考量，因为地方政府开始意识到一旦社会公众都积极地做出正面回应，那么水污染的治理将会更有成效。

6.3.1.2 管理现状

在相关的湖泊治理中，因为我国的公共事务处理大部分都是以行政手段为主，所以在解决水资源治理问题上，依旧是以行政管理为主要手段，公众参与的频率还是比较少。

太湖作为我国有名的淡水湖，其水污染问题十分严重，主要以生活污染为主。太湖方面已成立了太湖管理局，依然是以行政手段作为治理污染的主要手段。江苏、上海和浙江等地纷纷制订了治理太湖水污染的相关方案，通过对产业结构调整等多方渠道来保证水质量。不仅如此，为了让地方政府的环境治理工作更加顺利地进行，国务院出台了《太湖流域管理条例》，从多层面对太湖进行管理，依次从水资源的保护到保障措施的实行。但是可以看出，这些规定正试图与行政机关的职责划清界限，却又没有对公众参与做出太多的规定。

反观滇池的治理经验，为了更好地解决滇池水污染的问题，20 世纪初，相关部门就设立了水环境保护委员会，围绕着宣传和教育等方面，在滇池水域的保护和治理中起到了协调作用。随后的几年里，昆明市就在这个委员会的基础上，建立了滇池管理局，以便强化对滇池水污染做出进一步的管理。近几年，昆明又相继地成立市滇池管理综合性行政执法局，以期在执法、监督上取得更大的突破，能够实行全面性的执法，在集中型的行政处罚上获取一定的成效。2013 年，随着互联网等媒体的蓬勃发展，昆明市成立了滇池新闻信息中心，通过微博、微信以及相关网站这些新型的媒体方式来开辟一条全新的渠道，更好地发布有关滇池治理的消息和政策，让公众可以随时随地了解到滇池治理的最新动态。与此同时，还频繁地与媒体进行交流和沟通，开展更多有实际意义的对话，组织各式各样的活动让群众可以参与其中。

6.3.1.3　司法现状

司法部门通过国家强制力，确保相关法律达到保护环境的目的，对于那些违反法律的行为，都会给予严重的惩罚。法律赋予公民基本的环境权，因此公民可以向侵犯其环境权的组织、个人追究相应的责任。在这个领域内，对侵害环境权的行为提起诉讼的案件可以体现出公众参与的程度。有两种诉讼和环境权密切相关，一种是公益侵权诉讼，另一种是环境诉讼个人侵权案件。从本质上看，它们与公众参与都紧密相连，前者是参与可能性的体现，指的是由于私人因其环保权被侵犯，向法院对侵权人提出诉讼；而后者的侵权不是直接利益的侵犯，而是基于环境权益所衍生出的其他权益在可能受到侵害的情况下所提出的诉讼。在法制较为健全的国家，公民可以通过侵权救济来实现其环境权。

在对个人环境的诉讼案件处理方面，我国法院这些年都在加大对环境权益的保护力度，但是保护环境是一个涉及面特别广的事情，就当前方法不能有效地保护环境，因为刑事、民事以及行政业务分开来审判会导致标准的不统一。因此，为了更好地满足各方在环境上的要求，越来越多的法院试图改变原来的格局，试着成立特殊的法庭来处理环境问题，对于所有关于环境的刑事、民事和行政案件，都进行统一的处理。由此观之，这样统一处理的方式可以更好地解决环境问题上的守法与违法，犯罪和不犯罪，也可以更好地界定刑事案件和民事案件，用一个统一的标准来裁判。

随着我国法制的不断完善，我国司法部门在关于环境诉讼问题上，已经做出了不少突破性进展和努力。例如，无锡市人民检察院和中级人民法院一起出台的《关于办理环境民事公益诉讼案件的试行规定》；昆明市检察院、公安局、人民法院以及环保局等部门共同出台的《关于建立环境保护执法协调机制的实施意见》，许多地方创新性地设立了专门审理环保案件的法庭，在处理环境诉讼案件中，由环保单位、检察机关和相关社团共同向法院上诉。

6.3.2 公众参与所面临的问题

6.3.2.1 简单规定，实用性不够

截至目前，大部分与公众参与环保领域相关的条款都比较分散，要不散落在环境基本法，要不散落在单行环境法规，没有一套综合性强的规定。而那些单行环境法规中提及公众参与的内容也只是些简单的规定，可行性较低，并没有对公众参与的具体内容作出任何规定。参与的形式、参与的范围以及参与的渠道都没有明确的说明，即便条款中有确切的内容，也无法落实在实际运用中。考虑到我国特色鲜明的社会主义法律体系，即使中央赋予地方立法的权利，但所确立的法律仍然只是为了补偿中央现行的法律和法规。

上文已经提过，我国很多省份开始在地方立法中逐步意识到公众参与的重要性，但由于缺乏经验，即便出台了相关法律法规，里面关于公众参与的内容仍然缺乏具体性的规定和一致的标准，缺乏激励规定，缺乏保障公众参与的制裁措施，缺乏时效性和实用性，因此未能真正带动公众积极参与到水资源治理的每道程序中去，也客观地增加了很多难度。

6.3.2.2 有局限的参与方式

公众在参与方式上还不具备太多的话语权。虽然有关法律明确指明，对于那些与公众生活环境密切相关和那些涉及专门性规划的环境工程，都应该举行听证会来听取大众的声音，或者是通过特定的形式来收集各单位、各专家以及各个群体的观点，然而，却一直未曾赋予公众申请听证的权利，仅仅是由专家代表和部门领导所组成的听证小组可以行使其参与听证的权利，并且在参与听证过程中的情况都不会公开，这样的听证模式从本质上还是没有完全实现公众参与的目的和意义。

在关于参与的阶段，目前的公众参与没有事前参与。那种在环境已经遭到严重破坏之后的参与，远不能从本质上解决环境问题。例如，在客观评价环境影响时，《环境影响评价法》对于如何评价环境影响虽提出了有指导意义的建议，但这些内容和公众参与关系不大。对于专项性质的环境评价，也只是象征性地在初稿制定之前询问一下公众的想法，而在那些真正对环境政策的制定起作用的阶段，均没有半点提及公众参与。最后，评价所建项目的环境效益时，建设主体也只会公开项目开工之前有涉及公众意见的评估报告，而在之后的实质性阶段中，都不需要公众的参与。在这种模式下，公众的参与并不能很好地作用于环境影响的评估，从某种程度上降低了公众的能动性。

6.3.2.3　缺乏有效的司法救济通道

事实上，通过司法途径来获取救济是一个解决环境问题的办法之一。因此，许多发达国家都承认公众在其环境权益遭受侵害时，对相关部门提起诉讼的行为。以美国为例，一旦企业或政府违反了相应的环境制度，并对公众自身的环境权益产生威胁，公众能够通过司法渠道来获取帮助，这样可以保障公众参与的有效性。反观我国的情况，虽然《宪法》已经明确规定公民可以广泛参与社会管理，可是现有法律却没有明确规定公民在参与过程中，如果受到侵害后，应该通过怎样的渠道去寻求帮助。另外，法律对于那些不组织环评会的部门也没有明确的惩罚机制。截止到现在，我国并没有专门制定公民环境的诉讼制度。虽然，《宪法》和其他的法律都规定，对于破坏生态环境的个人或组织，公民都有权对其进行控告和举报，但在实际应用中，由于不具备详尽的司法解释和相关细则，结果往往不尽如人意。

6.3.2.4　亟待成立相关的社会组织

从发达国家在环保治理方面的成功经验可知，如果我们可以更好地利用社会组织的作用，环境保护的工作会取得令人更满意的效果。社会性组织经常具备独立且非官方的性质，它的运行并不会受到政府或者那些受利益驱使组织的影响，社会组织可通过多种渠道在环境保护上干出一番事业，并且以其独特的影响力来引导和感染更多的公民加入到保护的环境事业中来。较为出名的例子是美国的塞拉协会，由于该组织具有良好的公众基础，民众都很乐意加入该组织。塞拉协会在美国的活跃程度十分高，不仅在政府立法上频频给出意见，还在政府履行相关法律方面起到监督的作用，甚至还会以协会的名义对环境问题提起诉讼。这种社会组织的存在从某种程度上激起了公民参与保护环境的动力和热情。

就我国当前的情况而言，这种具有环保性质的社会组织数量不是太多，从整体上看还处于一个萌芽期。而且在现有的社会组织中，极少有环保志愿者等民间群体自发形成的组织，大多数都是以政府为依托。在这种以政府为背景的情况下，组织的运行效率相对低下，公众的参与度也不高。正是因为这些原因，才使得社会组织所具备的潜力在环境保护和水污染治理中未能发挥出来。

6.3.2.5 公众未能形成较强的参与意识

据国家环保总局的最新调查显示，公众对于环境保护的认知度和关注度不够，因此导致了参与度也不够。同理，在水资源污染治理上同样也存在类似的问题，公众的参与热情严重不足。绝大部分的人在遇到水污染问题时，都是保持一种"事不关己高高挂起"的态度，不想也不愿意参与进来。造成公众参与意识不强的原因大致有以下几方面。

（1）公众自身的参与意识不足。在政府主导一切的模式下，民众就不具备参与公共事务的积极性，更不要说热情满满地为水污染治理贡献出自己的一份力量。公众普遍都会有这样的一个侥幸心理，即治理水资源的污染问题是政府的事情，和自己没有关系。

（2）公众获取水资源污染治理信息的途径还是比较狭窄，大部分人依旧只能通过观看电视、阅读报纸等传统渠道来了解相关进展。这些传统的形式从某种程度上可以让公众了解到政府工作的最新动态，但缺乏彼此的沟通和互动，公众容易对水污染治理所取得的不好结果更敏感，而对好的结果却缺乏敏感度，甚至有些随波逐流的倾向，那些没有自己的判断的公众容易在水资源问题上盲目地趋从。

（3）严重欠缺有实效的参与途径。大多数人在参与保护水资源的过程中，经常都是参与到一些简单活动中，不会有太多的机会去参加实质性的活动，比如自己亲自去到一些河流或者污水处理厂进行清理工作。虽然这些简单的形式总是比不作为强，但是对于从根本上解决水污染问题是远远不够的。如何更加有效地参与到水资源污染治理中来，如何让公众可以将保护水资源这件事当成与自己切身利益相关的事情，现行的体制内还缺乏一个真正可行的办法和一套系统且完整的体系来解决上述问题。而且，我国的公众参与大部分还是事后参与，几乎没有事前参与。考虑到水资源的不可逆转性和稀缺性，因此我们的任务依然任重而道远。

6.3.2.6　公众参与的投入资金不足

随着各地都纷纷加大对水污染治理的力度，在水污染治理上的资金支持也在逐年增加。这些年来，水污染治理也确实取得了一定的成效，污染物减少了，水环境也改善了不少，但是我们却忽略了问题的本质，大部分的治理资金都投放在水域的工业污染防治项目、饮用水水源地污染防治项目以及区域水环境综合治理等项目中，而投放在公众参与的资金却少之又少。

近些年来，我国在水污染治理工作上效果不是太明显的原因之一在于没有落实好公众参与，使得治理的成果与公众效益不一致。这个现象的背后原因在于，国家资金更容易投入到可以量化的项目中去，例如污染防控，而不容易投入到管理措施中去，例如公众参与。因为前者更容易量化资金，而后者不容易量化。从另一个角度看，和政策的制定、公众参与相比，项目投资的建设行为会带来更多的利益。因此，我们应该将治理资金多元化，从不同的维度去治理水资源的污染问题。

6.4　国外提高公众参与度的做法及对我国的启示

6.4.1　国外关于公众参与的立法经验

6.4.1.1　美国

20 世纪中期，美国兴起了一系列环保运动，就是在这样的背景之下，国会开始改变其行政治理高于一切的立法模式，进而转变为社会治理优于一切。首先，美国确立了环境基本法，为公众参与环境提供了法律支持。其次，设立了规范化的环境评价体系。在 1964 年的一次国际性的环境会议上，"环境影响评价"的提出就引起了全世界的关注。在多年的实际运作中，环境影响评价制度成了基石，不断为保护环境工作的顺利展开保驾护航。环境影响评价制度设立的目的，不仅是为了履行大国在保护环境上的责任，还在于为环境保护提供立法支持。[1]

---

[1] 吕锐锋. 美国水环境管理经验对深圳的启示 [J]. 深圳特区报，2004（9）.

在随后的几年里，美国政府也正式出台了相关的法律制度，实实在在地引导着环境影响评价制度的正常运行。由此观之，美国的环境影响评价制度从很大程度上给予了公众极大的自主权，以便他们更好地参与到环境保护的工作中。

概括来说，美国的公众参与有以下特点：第一，公众参与的客体不仅可以参与政策的制定，也能参与具体的实施。第二，公众参与既涉及事前参与，也涉及事后参与。第三，参与主体范围更广，涉及所有利益关系的主体。第四，信息更公开，联邦政府会将信息在第一时间告知社会公众，不存在严重的滞后性。第五，对于公众所提的意见，政府必须在一定时间内要予以回复。第六，有批判性地介绍公众的要求。

6.4.1.2 加拿大

加拿大也是一个法律体系比较健全且重视公众权益的国家，更是一个较早制定环境法律的国家。

首先，加拿大在制定相关环境法律之前，就会通过多种渠道询问公众的意见。这样可以让公众对于法律的形成过程更加了解，从草案的提交到修改，再到最后的实行，整个过程都有公众的监督。

其次，让公众的环境行为更加制度化和具体化，留给公众充足的空间。例如在评估一个环境工程时，政府会公开所有关于此工程的情况，让公众尽量地发表观点，随后召开公众参与的听证会，尽可能让所有的环境情况透明化和清晰化，以期通过这样的方式落实公众的参与权和知情权。

最后，确保公众拥有合理的诉讼程序。一方面，对于那些可能会破坏环境的行为，任何公民都有权要求相关部门进行调查。如果相关部门存在工作懈怠的行为，公众可以要求法院对其行为进行制止。另一方面，如果公众因为违反环境法的行为，致使自身的利益受到侵害，可以通过司法渠道来获取相关救济，或者向违法之人索取赔偿。为了鼓励公众揭发违反环境法的行为和鼓励公众参与，相关法律要特别重视对检举人的保护。

6.4.1.3 日本

日本也特别重视公众化的程度。高度重视普及相关的环境知识。因为地区的差异性，各个地方都纷纷出版了具有地域特色的环保教材，争取做到环保意识从小抓起。在小学的课程里，开设与环保有关的课程，培养青少年的参与意识。同时，由政府牵头，积极在市民中间开展环保讲座，让市民可以更好地了解家乡、祖国以及全世界的环保现状和未来方向。一旦环保教育进入了家家户户，公众就会积极加入环保活动。另外，相关环保部门也会按时让市民了解到第一手的环保消息，并且及时处理关于环境的举报和投诉。

日本早在 1993 年就出台了相关法律来保证公众的参与。《环境基本法》的通过，就规定了公众参与的合法性。随后的十几年里，更是陆陆续续地出台了各种各样的法律来完善公众参与的法律基础。

6.4.2 国外关于公众参与的管理经验

6.4.2.1 美国

美国是管理经验最丰富的国家之一，在水环境的管理上也有自己独到的地方。20 世纪 80 年代，美国就注重保护和实施使用同时进行的方针。一是设立水污染治理的相关制度基础，加大立法管理和行政管理；二是将环保措施落到实处，以保证任何环保行为所付出的执行力和收获的成效成正比。

不仅如此，美国政府和当地公民自身都具备极强的环保意识。他们既通过传统的媒体渠道来普及环保知识，又通过立法等强制性手段来震慑全社会，以此来维护环保工作的正常运行。全国上下严格贯彻环保法的相关规定，既体现了法律的公正，又体现了全国人民的素质，即便是规模再大的公司也不能逃脱法律的制裁。美国国内现行的环保机制，充分宣传了环保知识，也提升了公民严格遵守环保法规的意识。另外，通过对法律的不断深化，将环保意识深深地扎根于公民的脑海中，这一系列的措施使得保护环境和珍惜资源的好习惯逐渐在美国各地形成。

6.4.2.2 加拿大

以圣劳伦斯河为例来分析加拿大公众参与的管理经验。圣劳伦斯河流经安大略和魁北克，曾面临着极其严重的水污染问题。在加拿大政府的推动下，治理工程开始全面展开，与此同时，政府还鼓励公众以最大的热情来支持河流治理的工作。[①] 据有关统计显示，每年都有将近两万人在没有报酬的情况下，参与到水污染的治理中，并且在公众和政府的共同合作下，经过十年坚持不懈的努力，河流的水污染治理取得了较为圆满的成效。加拿大治理圣劳伦斯河流域的经验充分说明了一个道理：只要公众参与水污染治理的积极性提高了，生态环境和经济社会就

---

① 郭焕庭. 国外流域，水污染治理经验及对我们的启示 [J]. 国家环境保护总结调查与研究.

会得到更加良性的发展。

6.4.2.3　日本

日本作为亚洲最具备治水经验的国家之一，最值得我国学习的地方就是其广泛的公众参与度。日本政府会在规定的时间内发放宣传单以及白皮书，在第一时间让公众能够掌握环境的最新情况，其中包括相应对策、相关的环境治理工程以及环境宣讲会等等，通过这样的方式来提升社会对水资源的认识程度，并激发公众参与水污染治理的热情；通过互联网和媒体的宣传，让公众可以拥有更广泛的渠道；相关单位按时举行环境保护的会议，保证公众与行政部门的交流更加畅通，以便公众对于水资源治理的相关认识一步步得到深化。

日本的水污染治理的经验告诉我们一个道理：由政府牵头，并由公众相辅的环境治理模式可以取得较为满意的成效。为了更好地治理水资源污染，公众的积极参与是必不可少的，一旦缺乏了公众这一群众基础，根本就解决不了问题的本质，全民的共同参与才是解决问题的关键。

6.4.3　促进水治理中的公众参与的对策

6.4.3.1　规范法律法规，促进制度化的公众参与

我国一直秉承从严依法，有法可依是公众参与的前提条件。为了更好地落实公众参与制度，完善相关法律是关键，虽然我国已经有明确的法律对公众参与予以规定，但让公众参与制度得到普及仍然是一件任重而道远的工作。因此，为了让更多的公民可以真正地享受参与权，仍然还有许多细节需要明确规定。完善公众参与制度首先要完善相关的法律，既可以修改已有法律，又可以出台一系列具有进展性和突破性的新法律来鼓励公众参与。在我国，通常都是地方和中央共同立法。在与中央法律不相悖的情况下，地方政府在立法上可以享受绝对的自由权，所以，在中央有关环境部门所制定的环境立法基础上，各地方政府应该充分发挥其立法能动性，使得水污染治理的相关细节可以充分体现在地方性法规和规章制度中，让公众参与的方式以及途径更具有可实施性，真正形成既规范又制度化的公众参与模式，只有这样才有助于公众加入到水污染治理行列中。

6.4.3.2　扩展公众参与的方式

事实上，公众关于环境保护的参与度低的最大原因在于公众没有参与渠道，因此适当地拓宽公众渠道是非常有必要的。众所周知，公众参与度直接影响着水

污染治理的效果，建议从下面的途径来改善我国的公众参与机制。

（1）公众参与决策过程。公众通过听证会、咨询会等形式，积极与各级政府进行良性互动，就政策、法律、规章制度以及相关文件的制定，政府和公众可以进行共同讨论和商议，政府应当充分地肯定公众的主观能动性。参与决策作为公众参与的重要体现，对公众参与的效果起着决定性作用。

（2）公众参与执行过程。公众可以参与到相关部分执行政策的过程中，这样有助于政策在落实过程中得到广泛的群众基础，这样既能确保执行过程的规范化和程序化，又能将治理效益最大化。公众参与执行过程的渠道主要是监测水质、评价工程的社会效益和检查现场等。

（3）公众参与监督过程。法律赋予公众监督治理环境相关人的权利，监督他们是否履行好了自己的工作，是否按照相关规定办事。对于水污染治理，以前都太注重政府监督，不能从实质上起到监督的作用，因此这种社会性的监督会更有价值。

（4）建立处理公众意见的机制。各级地方政府理应按照一定的程序来处理公众的建议，在特定的时间内，对相关的公众意见进行回复，是采纳或是拒绝。只有通过上述模式，公众的参与权才能得到进一步的保障。

6.4.3.3　公开环保消息，让公众对相关信息拥有知情权

相关信息的公开程度是影响知情权的重要因素。所以，地方政府更应该公开水污染治理的有关消息，尽量让更多的信息可以在阳光下被知晓。建立一些较为透明的制度，以便持续更新水污染治理的最新动态，还要适当地扩宽公开的范围和内容，政府还可以设立一些专门的平台和媒介来为公众解答那些技术性较强的信息。

6.4.3.4　充分发挥具有社会性质环保组织的作用

在我国，主要还是以行政为主，民间组织还没有足够的势力去组织活动，环保组织同样面临一样的困境。无论在管理上还是活动的开展上，这些社会组织自身都存在许多问题。所以，现有的水资源管理部门应该清楚地意识到现今的环境状况以及部门自己的情况，本着客观、实在的态度去开展工作。以《关于培养引导环保社会组织有序发展的制度意见》为纲领，从多方面来引导民间环保组织的运行。在思想上，对群众加强思想教育，坚持一切工作都围绕着群众进行的原则。在组织上，建立一套健全的组织机制，在正常运作的前提下，给予组织尽可

能多的鼓励。在事务上，行政单位应当利用自己在信息和事务上的长处，尽可能提升组织在处理相关事务上的能力，包括对组织人员的专业性培训。相关部门应与社会组织建立一个便捷的沟通渠道，以便更好地了解这些组织的想法和观念，批判性地接受有利于水污染治理的意见。在条件允许的前提下，与这些环保组织一起行动，在环保组织所建立的民众基础上，使公众参与能够得到更多的承认和支持。

6.4.3.5 加强公民的环保教育

我国的素质教育一向都不太重视环境方面的教育，更不要谈设立一个专门的环保教育体系。因此，在我国，绝大多数的公民对于环保教育的了解程度不够，对于环境保护的相关知识缺乏系统、全面的了解。为了改善这个情况，我们有必要从以下几点做出努力。

（1）强化环境保护的基础教育。公民素质中最重要的部分就是基础性教育，所以环境保护的基础教育决定着全民环保的质量。衡量一个公民是否具备良好的素质，校园教育的好坏是关键指标。所以，在充分考虑到当地环境的实际情况下，各地应该积极开展有关环境保护的课程，尤其要注重小学和初中教育，以便从小就能养成爱护环境的好习惯。在条件允许的情况下，学校还应该为学生提供平台和机会，让他们有各种各样的社会实践机会，让学生在实践过程中体会保护环境的意义，以便帮助他们从小就养成爱护环境的习惯和意识。

（2）加强社会性的环保教育，使得公民可以从自身树立环境保护的意识，与此同时，从多种渠道加强公民的法律意识和环境道德。在日常生活中，我们经常可以看到破坏环境的行为，因此有关于环境的道德教育和公德教育已经是环境教育的重点工作之一了，并且在道德教育的基础上，抓紧培养关于环境保护的法律意识，所有环境不良行为的发生都是因为环保教育没有得到普及，环保意识没有得到重视，环境道德没有得到培育。所以，各级政府在对环保知识进行普及的同时，应注意加强宣传国家政策和国家法规，让公众可以更全面地了解到自己不仅能享受环境权利，更应该承担相应的环境义务。

（3）相关媒体要加大环境保护的宣传力度，让媒体的作用可以在这个领域发挥得淋漓尽致。媒体不仅可以宣传国家的政策和法规，还可以将环境知识传播到千家万户，通过特有的媒体渠道告诉公众参与的方式。另外，媒体有必要落实环境行为的奖惩机制，表彰那些为环境保护做出贡献的个人或者组织，曝光那些有损于环境保护的个人或者组织。

6.4.3.6　加大公众参与的投入支持

为了更好地实现公众参与，不仅仅需要我们多维度、多方面地进行宣传工作以及改良法律法规，更需要我们加大公众参与的投入力度，具体可以从以下几个方面进行完善。

（1）政府应当充分地利用好电视、网络、报刊等媒体，随时随地发布水污染治理的最新消息，让公众拥有充分的知情权。如果公众对水污染治理一无所知，那又谈何参与。相关部门更应该尽可能地公布信息，其中既包括民间机构的治理信息，也应包括政府的治理信息。像国外先进国家那样，尽可能地拓宽公众的参与渠道，不让公众参与局限在单一的一种或者几种方式中。

（2）在政府牵头，企业出资的模式下，举办各式各样以保护水资源为主题的文体活动，尽可能地让社会不同群体都加入进来，包括主要的民间组织，因为民间组织在社会上已经形成了强大的群众基础，一旦能够成功地邀请到这类组织，就能更好地保障公众的参与度和积极性。

第二篇

案例篇

第7章 国内外跨界水污染治理的案例

7.1 泰晤士河的治理

7.1.1 "泰晤士河悲剧"

从伦敦市中心穿过并横贯英国的泰晤士河位于英国南部，是英国的"母亲河"，她发源于英格兰西南部的科茨沃尔德山脉，流经地区包括南部的格洛斯郡、牛津郡、伯克郡、白金汉郡等六个郡，河流全长为 338 千米，流域面积达 1.3 万平方千米。近代以来，泰晤士河不仅为伦敦两岸的居民供应了生产、生活用水，还提供了丰富的水产品，同时在英国的航运经济中也扮演着重要的角色，是英国伦敦与外界贸易往来的重要水面交通枢纽。毋庸置疑，泰晤士河曾在极大的程度上孕育了伦敦的繁华，但随着工业革命的兴起、人口数量激增以及人们生产生活方式的改变，大量的未经过任何处理的生活污水、工业废水被直接排入河中，导致泰晤士河的水质遭到了严重的污染，再加上河岸上垃圾堆积如山，昔日优雅干净的"母亲河"随即就变成了邋遢不堪的"泰晤士老爹"。伦敦两岸的人们污染了泰晤士河的同时也饱尝了河流污染所带来的严重后果。最为严重的当属英国 19 世纪历史上频发的大霍乱，为英国人民造成了惨痛的悲剧。泰晤士河作为英国伦敦地区的重要水源地，其水质的破坏不可避免地将对伦敦数百万居民的健康与生命造成严重的威胁。由于长期饮用受到污染的河水，人们的环保意识又还没有开化，1832 年至 1854 年间仅丧生于霍乱的人数高达 31725 人。1858 年夏季，泰晤士河"恶臭"大爆发，受工业废水排污以及潮汐上涨引发的污水倒灌使得泰晤士河周边臭气熏天，沿河的高楼不得不门窗紧闭，这才使在河边工作的英国议会和政府真正感受到了污染的危害，可是议员们却因受不了恶臭的气味而逃离议会，各项工作随即也陷入停滞，污染情况的严重程度可见一斑。

7.1.2　泰晤士河的治理过程

1855 年，英国议会颁布了一条法则，名为《有害物质祛除法》（Nuisance Removed Act），同年，伦敦市开始成立城建局，其总工程师当时试图将伦敦市内的污水，通过延长下水道的方式，直接排向下游约 15 英里长的河内。然而这项规划不仅对改善伦敦市内的卫生安全毫无用处，反而是雪上加霜。由于潮汐的作用，污染物排到下游极其缓慢。不仅要依赖于气候因素，还要看上游淡水的流量是否充足。随后，在 1876 年，英国议会又提案通过了《河流污染防治法》，该则法案明文规定，任何企业和个人都不得向河道排放垃圾和有毒有害物质，否则将被视为违法并处以罚款。这是英国历史上乃至是世界历史上，第一部有关防治河流污染和保护水环境的法案。

直至 1878 年，"爱丽丝公主号"游船在新铺设的一条下水道出口处沉没，造成 640 人死亡，且据官方调查透露，遇难者中大多数并非溺亡，而是因为污水中毒而丧命，公害日益引起人们前所未有的广泛关注。这次事件的发生在引起了社会公民的激烈议论的同时，也更加引起了当局者的重视，迫于舆论压力，英国政府先后在伦敦市内建立起了多家污水处理厂对污水进行沉淀与消毒，专门处理泰晤士河的水质污染严重的问题。虽然排污系统的修建对伦敦污染的治理起到了一定的抑制作用，但是却不能从根本上解决问题。随着工业化进程的不断加快，原有的设备根本不足以承担起每天处理成千上万吨的污水废弃物的任务，污染因而越来越严重。

1955 年至 1975 年间，英国政府对泰晤士河进行了第二次治理，这一时期，英国水资源经历了从地方分散管理的模式到流域内统一进行管理的历史转变。20 世纪 60 年代起，英国对河段实施统一管理，把泰晤士河划分成 10 个区域，合并了将近 200 多个管水单位，而建成一个新的水务管理局——泰晤士河水务管理局，旨在综合管理和严格规范泰晤士河段水资源的利用、航运、排洪、污染治理等。同时，这次治理还秉承了全流域治理的理念，严格控制全流域内工业废水的排放，对伦敦原有的地下水设施进行了大刀阔斧的改造。具体的举措有：①将伦敦地区 180 个污水处理厂缩减合并为十几个较大的污水处理厂；②重新布局各类下水和污水处理设施，使之分布得更加合理；③对原有的设施工具进行了全面的升级与改造，与此同时，对污水处理技术进行了有效的革新。另外，英国政府还花费了大量的金钱，对位于两大下水系统末端的克罗斯内斯以及贝肯顿污水处理厂，进行现代化改造，经过升级和改造后的贝肯顿污水处理厂，成了当时全欧洲地区最大的污水处理厂，所处理的废水量可与泰晤士河最大的支流麦德威河相匹敌，日处理量可达 273 万立方米。

1975 年以后，泰晤士河的治理工作开始进入了巩固阶段。对泰晤士河进行水资源全流域管理的方法，不仅解决了水污染治理资金不足的难题，而且对促进城市经济的发展带来了可观的好处。英国政府一方面在污水处理设施以及技术改造方面进行不断的投资，另一方面，又同时对工业污水的排放进行了严格的控制，不仅加强了对沿河两岸的工矿企业的监督，并且严加规定除了经过净化处理的水以外，工矿企业将任何东西排进泰晤士河都是非法的。

7.1.3　泰晤士河重现碧波

针对泰晤士河的治理问题，前后经过了 120 多年时间的艰苦整治过程，不仅进行了诸多缜密的布局与尝试，而且还花费了大量的资金。如今的泰晤士河已被公认为是流经都市地区水质最好的河流，她已完完全全由"邋遢的老爹"变回了整洁干净、温和奉献的"母亲"，重新焕发了生机。

不得不说，泰晤士河的治理着实可以成为全世界水环境污染治理的典范与奇迹，正如一家英国杂志《水》所报道的那样："这一条工业河流曾经遭受到极其严重的污染以至于已被人们视为死河。然而，今天它已经恢复到接近未受污染前的那种自然状态。在世界上这是前所未有的第一回。"

7.2 淮河流域的治理

7.2.1 淮河的自然地理特征概况

淮河位于我国东部地区，古称淮水，流域面积广阔，堪称中国七大河之一。淮河发源于河南省南阳市桐柏县西部的桐柏山主峰太白顶西北侧河谷，流经地区包括江苏省、安徽省、河南省和山东省，全长 1000 千米，面积达 22.4 万平方千米。在我国的大江大河当中，淮河有着举足轻重的地位，她养育着一方中华儿女，同世界上其他各种水污染问题的案例一样，淮河流域在没有被现代化和工业化所污染之前，河水清澈，水生生物资源十分丰富，然而由于各种原因，淮河成为我国水污染最为严重的河流之一，同时也成为中国最早进行水污染综合治理的重点，并且还被国家列为重点治理的"三河三湖"之首。

7.2.2 淮河水污染事件

在淮河流域水资源评估的过程中，曾出现过一次震惊中外的污染事件：1994年 7 月，淮河流域位于河南境内的河段突降暴雨，水流湍急，倾泻直下，并最终导致位于淮河及颍河交汇处的颍上水库水位急骤上涨，超过了防洪警戒。当时，相关部门采取的应急措施仅仅是开闸泄洪，将积蓄于上游的足足 2 亿立方米水放了下去。然而水经之处河水泛浊，河面上泡沫密布，顿时之间鱼虾丧生，到处漂浮着翻过来的鱼肚白。除了水生生物的生存环境遭到破坏，人类的生产生活也因此受到了重大的影响。特别是河流下游地区的饮用水问题，由于河流污染严重，靠淮河河水为生的地方居民在饮用了未经达标处理的河水之后，陆续地出现了腹泻、恶心、呕吐等症状，使境内居民的身体健康受到了严重的威胁，也随后引起了相关部门重视。在经过对河水进行取样、分析之后，结果证实淮河上游水质出现恶化，有些自来水厂已经不能再向居民供水了，最终，沿河的各个自来水厂供水被迫停止了将近两个月。紧随而来的是，百万淮河民众的饮水问题变得十分严峻，不少地区因饮水告急不得不出高价去外地取水以供饮用，甚至还有些地方出现居民抢购矿泉水的场面。这关乎人民生存，因此形势十分紧张。

7.2.3　淮河流域水污染的治理措施

淮河治理开发的目标是以防洪为主，兼顾除涝、发电、灌溉、航运、水产、水土保持等方面的综合利用。1995 年 8 月，国务院颁布第一部关于流域性水污染的防治法规《淮河流域水污染防治暂行条例》。紧接着，"九五"期间，首以"关、停、禁、改、转"为整顿淮河水污染的指导思想，关闭了淮河流域内的一些高耗水、高污染的企业。国家"十五"规划期间，淮河流域的水污染治理主要是集中处理城镇污水，投资了 250 多亿元用于污水处理厂和其他治污项目的建设之中。"十一五"期间，其主要治理措施开始由整治排放规格达标向控制总排量方面转变，结果淮河流域水污染治理工作取得了良好的效果。虽然总体来说，污染没有得到根治，但是水体污染量得到了控制，水中的 COD 及氨氮含量也大幅度降低。国家"十二五"期间，则在大力推进生态文明建设以及探索环保新道路的大环境下，淮河流域的水污染治理方法也在不断寻找技术支撑，设置的阶段性目标也在一步步得到实现，特别是蚌埠段—洪泽湖上游以及河南段的水污染整治成效颇为明显，不仅及时地制定了应对近年来出现过的水污染中毒事件的应急措施，而且在学研方面，成立了专门的淮河水污染治理专项，不断开展了一批旨在控制毒害污染物的综合控制研究与示范的相关课题。在整个治理时期，除了国家宏观方面出台的一些政策措施，各级政府也积极地进行了一些实地调研工作，各个相关省市持续沟通交流，一同寻求治污新方法，从最初的"谁污染，谁治理"原则征收排污费开始，各个省市政府相继开展实施了一系列积极有效的水污染防治措施，水污染事件的发生次数逐年减少，水质逐步好转，在一段时期内有了明显的改善。

7.2.4　淮河流域水污染治理现状

虽然经过国家几个五年规划的精心治理，淮河流域的水污染情况依然不是很乐观。由于周边城市和地区产业结构还没有得到充分的调整，一些高耗水、高污染的企业依然存在，再加上节水措施未能全面落实等现实性的原因，致使淮河污染至今仍非常严重，沿岸有多座大城市和大量工业部门、部分大型厂矿企业的污水处理设施未能满负荷运转，污水处理深度不够，监管环节存在漏洞，监控设施还不健全，还有未做到达标排放和偷排等现象存在，因此污水和废气排放的情形还是非常的严重。其中，沿岸的许多村庄经常会出现许多严重的疾病。污染影响的不仅是河中生物，过去十多年中，部分污染较重的小造纸厂和小制革厂转移到偏远的乡村，污水直接排入一些小的河流，污水随洪水下泄入各级支流，最终汇入淮河。近年来，淮河流域每年的第一、二场洪水夹杂着大量污水下泄，除枯水季节蓄积在河段内的大量污水外，很大程度上包含着很多河段内长期蓄积的高浓度的污水。更有甚者，河南、安徽、江苏等地甚至出现了"癌症村"的现象。也有一些评估性研究的治污课题深入这类"癌症村"问题当中，其中特别是数字版《淮河流域水环境与消化道肿瘤死亡图集》，该图集首次证实了癌症高发是淮河流域水污染直接导致的结果。不仅如此，政府部门的监管不到位，保护环境的观念未能深入人心，也给环境问题带来了巨大压力。

7.3　国内外跨界水污染治理的比较与借鉴

由前面两节我们可以了解到，不论是英国泰晤士河的污染问题，还是我国淮河流域的水体污染事件，都反映出跨界水污染的治理问题。水资源具有特有的流动性和关联性，万千的河流在给人类带来天赐的福祉的同时，也因与人类追求经济发展的一些行为相悖而承受着巨大的危机。一旦水资源遭受到了污染，必将为人类自身带来非常严重的跨界水污染治理难题。跨界水污染不只是全球正在共同面临的一个环境热点问题，更是我国在这经济发展与生态环境保护不相协调的时期内必须要解决的实际问题。

跨界水污染治理因为需由流域内的多个地方政府协调合作才能够完成而带来了极大的难度，传统的方式仅仅基于行政区划进行治理范围的简单划分，根本无助于完成整个治理过程的衔接与配合。因此我们迫切地需要就跨界水污染治理问题，进行制度甚至是经济层面的研究与完善，使各个地方政府以及各社会成员进行一定的组织协调，共同完成对跨界水污染的治理。从实践经验来看，一旦流域上游水资源受到污染，若不能及时地进行有效的处理，会迅速波及整个流域。仅仅依靠污染源所在地政府的治理，或是由受波及地政府各自独立解决很难达到较好的治污效果，甚至会出现各地政府推卸责任及各行政区矛盾增加等问题，要想使跨界水污染治理避免"公地悲剧"，必须建立一种有利于各地政府各尽其责，相互配合的治理模式。

通过对我国跨界水污染治理的模式的反思，以及英国泰晤士河成功的治理案例的分析，可以总结得出，我国跨界水污染治理传统模式治理难的原因主要包括行政体制不协调、相关法律法规不健全、资金流动缺乏保障等。而国内外水污染整治的案例表明，水环境污染治理的根本就是不断地寻找问题、解决问题，不论形势多么严峻，当局者都应该秉持从头到尾贯彻到底的态度积极寻找出路，只要认真去做，最终都能成功或是基本上取得成功，只要上下努力，水环境生态就可以走上良性发展的道路。但它们的共同点依然是"先污染，后治理"，在经济发展与环境保护相平衡的方向上走了弯路，为此也付出了沉重的代价。然而事实证明，不论是有些地方制造了污染却不整治，还是先污染但后期整治力度不够，抑或过去我们经常提及的"综合治理，预防为主"的方式，都给环境带来了不可修复的损害。既然这种破坏已经造成，在它还不至于带来毁灭性灾难之前，我们应当尽我们所能从根本上实现水环境的保护与生态的良性发展。并且，历史也警醒着我们，只有可持续发展的道路才是正道。

综合整治水环境污染，对于我们整个社会来说都是刻不容缓的。流域水资源也是一种比较典型的准公共物品，具有非排他性和竞用性，上游排放的污水较多，会给下游流域的水质带来污染，必然会影响到下游居民的生产和生活。面对跨界水污染治理这个重大难题，当局者应加强对流域水资源的使用进行监督和管制，应与城市建设总体规划、城市水资源利用规划等相关政策相统一和协调，并按不同的地区和时期因地、因时制宜地对流域内水环境进行监测与保护。在法律层面上，还应该结合我国特殊的国情，探索出具有中国特色的跨界水污染治理模式，不断改进与完善水资源管理法律体系，建立健全相关配套的法规并保证法律得到贯彻和执行；在体制层面上，应当加强政府管理体制的协调统一，积极完善政府间协调机制；在资金方面，则要加大财政投入，积极探寻合理有效又不失妥当的投融资渠道，完善流域内水环境生态补偿机制。

第8章 国内外排污权交易在水污染治理中的应用案例

8.1 美国水污染排污权交易实践

8.1.1 美国水污染排污权交易产生的理论基础

1912 年，"福利经济学之父"英国著名经济学家 Arthur Cecil Pigou 提出了著名的"庇古税"理论，以期解决经济学中的外部性问题。在随后几十年经济学的发展中，诺贝尔经济学奖得主 Ronald Coase 提出了著名的科斯定理。而在 1970 年，美国学者萨克斯对公共信托理论进行了重新定义，他将新定义的公共信托理论称为环境公共信托理论或者新公共信托理论。

在吸收和借鉴了早期经济学的重要思想基础上，1968 年，美国经济学家 Dales 在其著作的《污染、产权与价格》一文中，率先提出了排污权交易这一思想理念。他在该文中提到，明确企业初始的排污权并进一步给予它可交易性就能减轻环境污染的状况。而在同一年，在他著作的另一篇文章《土地、水资源与所有权》中，他又将这一思想延伸扩展，运用到了关于水污染治理的问题中去。

8.1.2 美国水污染排污权交易的推广

1968 年，排污权交易理论提出之后，立马得到了美国国家环保局（EPA）的高度重视，并对排污权的实践进行了尝试。从 20 世纪 70 年代开始，美国国家环保局就将理论运用到实践中，进行了许多不同类型的排污权交易尝试，其中包括两个著名的排污权交易实践,即酸雨计划和二氧化硫排污权交易实践。在这两个排污权交易实践获得了巨大的成功以后,美国开始将排污权交易这种治理污染的方法,推广运用到关于河流水污染环境治理方面。

在美国国家环保局于 1996 年颁布《基于流域的交易草案框架》之前,就已经有许多州县率先对自身管辖范围内的水流域进行了相关的排污权交易试点。例如,发生在 1981 年,有关 Fox River 的水污染交易计划试验。以及发生在 1984 年,有关 Lake Dillon Watershed 的磷排放交易试验计划和 Cherry-Creek 流域试行的 TMDL (Total Maximum Daily Load) 交易计划等。这些早期进行的水污染权交易实践都在不同的程度上取得了成功,而这些成功的实践也为美国制定相关的排污权制度奠定了实践基础。

《基于流域的交易草案框架》在美国正式颁布之后,更多的州县进行了与水污染有关的排污权交易试点的尝试。依据美国 2009 年的相关资料表明,已经有将近 20 个州开始实施或规划水污染排污权交易。除此之外,各州之间也存在着有关水污染排污权交易的试验,如 Chesapeake Bay 流域的水体营养物质的排放权交易实践。随着越来越多交易实践的进行,交易制度也在不断建立健全,而对于交易的对象和交易内容,也在实践中得到了进一步的补充和扩展。点污染源和非点污染源之间的排污权交易,以及多源间排污权交易等在美国排污权交易实例中的运用,使得排污权交易这个方法越来越具有可操作性和实用性。

伴随着对排污权交易的不断推广和实践,在美国出现了几种比较好的排污权交易模式,它们是:ERC 模式(排污削减信用模式)、EA 模式(总量—分配模式)和 DER 模式(非连续排污削减模式)。在排污权交易模式不断完善和发展的同时,美国的排污权交易政策也不断地丰富,包括了补偿体系、气泡政策、储存政策以及容量结余。在政策和模式不断改进和完善的协助下,美国排污权交易的实践取得了许多有用的成效,这进一步刺激了他国运用排污权交易进行实践的浓厚兴趣,对各国的环境保护存在着重大的促进作用。

8.1.3 美国水污染排污权交易具体实例——以 Dillion 湖排污权交易实践为例

地处科罗拉多州的 Dillion 湖地区,其经济发展的支柱产业是旅游业。大力发展旅游业,增加旅游娱乐项目以吸引更多的游客,是 Dillion 湖地区经济发展的重要政策主张。然而，Dillion 湖流域内的水质在 1980 年，由于存在过量超标的磷排放，遭到了破坏性的污染，不仅影响到了水域中的生态平衡，而且也对当地的经济产生了一定的威胁。20 世纪 80 年代，Dillion 湖周边的居民也逐渐意识到了湖水污染治理问题的重要性。在 1982 年，Dillion 湖采取了以固定点污染源为治理的主要对象，在该水流域中设定磷容量的排放总量限制（Cap），并将这一排放总量分配到该水流域中的各个点污染源，以总量—分配模式进行排污治理的方式进行水污染治理。两年以后，该州通过了一项有关环保治污的创新计划，该计划表明：点污染源对于磷排放的增加是可以被接纳的，但是它的增加必须要以减少非点源污染源在 Dillion 湖流域中磷的排放量为替换。这样的一项新计划，在某种程度上是对总量—分配模式中排污权交易的一种改进，因为该计划使得总量—分配体系之外的污染源排污削减进入到了体系内部，再进行了各个污染源之间的相互交易，所以这不仅改变了传统的 EA 模式，并且对这个模式进行了一定的创新，更加有利于水污染治理的成功。

上述新项目在科罗拉多州得以通过主要是因为：①激励本地区经济的进一步增长，必须以不损害当地环境为前提；②新项目实行的目的，是为了能够使已经十分严重的面源污染问题得到一定程度上的控制，使得各个点源之间不能进行交易。该计划还规定了排污信用不能进行储备，以期望能留到以后继续使用。由于以上原因，导致各点污染源对于削减磷排放的热情被大大地打了折扣。其一，因为该项目明文规定了点源之间是不能产生交易行为的，所以，如果有一个固定污染源从相应的面污染源的排污削减中，取得了一定数额的排污信用，那么该排污信用就只能被固定在该固定污染源中进行使用，而不能再在交易市场中进行流通交易。该项规定，进一步妨碍了企业在交易市场中的活跃性。关于限制点源之间的交易，从一个侧面反映出了市场管理者对于环保治理的谨慎心态。即使他们迫切地希望能够减少流域内的污染量，但他们却不愿意利用市场这一有利的机制去实现减污目标。他们认为，公众是唯一拥有限污权利的人群，而污染者对环境只会造成污染。如果污染者想要进一步对环境造成污染，他们必须对一定的人群进行补偿。但这个补偿对象不是其他的污染源，而是拥有限污权利的公众。其二，因为企业拥有的排污信用是不能进行储蓄的，所以，如果污染源的排污量低于许可数量，那么，市场中就不会出现对面源污染削减的需求。

根据 EPA 的调查统计显示，Dillion 湖周边的众多污染企业，在 20 世纪 80

年代早期，就已经更新了企业自身内部的相关治污设备，使得流域内的排污量远低于被限制的总量。在 20 世纪 80 年代，Dillion 湖水流域大约共减少了 86%的点源磷排放。根据 1980 年的市场环境来看，虽然企业对于排污许可具有巨大的潜在需求，但是到 1982 年，Dillion 湖流域内的所有企业，基本上都达到了低于排污限制的要求。这使得交易市场中对于排污许可证的需求几乎接近于零。在此期间，EPA 对于市场的交易比例有一个明确的规定，即 2：1 的固定交易比例。这一比例的含义是：如果点污染源想增加一单位的磷排放，那么就要求面污染源削减两单位的磷排放。EPA 规定的这个交易比例，不仅提高了市场交易的成交价格，而且极大地抑制了企业对排污信用的需求。所以，即使这个项目早在 1984 年就已经得到了国家政府的批准，但是一直到 1990 年都还没有出现过一笔成功的交易实践。在此期间，虽然点污染源的排污量极大地锐减了，然而相对应的面污染源的排污量却是呈现出递增的趋势。1998 年，Dillion 湖流域内污染物排放量已经下降到限制的 85%~90%，在这当中的大多数还都是来自于私人的下水道排放系统。

根据上述有关 Dillion 湖流域排污情况的叙述来看，除非在该流域内对磷排放存在超额的需求，否则，关于在点源和面源污染源之间开展排污权交易的实践就是不现实的。然而，一直到 1997 年，Dillion 湖流域才首次出现了对排污权的超额需求，这主要还是因为一家外国公司计划在该地区开设娱乐场所，这样的做法会直接导致 Dillion 湖流域磷排放量的增加，并且很有可能会导致污染物排放超标。该企业在运营过程中，尽管已经采取了一些相应的减污措施，但是仍然存在超标的污染排放。根据政府规定，该企业只能向本区域内的面污染源需求多余的排污削减，而不能从原有的污染源处获得排污削减。因为有固定的 1：2 的交易比例，所以想要代替该公司超标的 40 磅磷排放，面污染源就必须削减自身 80 磅的排污量才能实现。到 1999 年，这个项目终于全部完成，这也是 Dillion 湖地区关于水污染排污权交易的首例成功实践。

8.2　上海黄浦江水污染排污权交易实践

随着改革开放政策的不断深入，我国对国外的一些良好的实践成果有了更进一步的了解和借鉴，进而促进了我国经济的蓬勃发展。在 20 世纪 80 年代初期，我国国内就已经出现了有关排污权交易的讨论，在某些地区已经开展了关于新建项目有偿转让的排污交易实践。但是，由于当时的知识水平和实施条件等局限，使得这些实践探索很多都只是停留在了概念层面上，很少得到在实践中检验的机会。20 世纪，上海黄浦江水污染排污权交易的实践是我国水污染排污权交易最为典型的案例。

8.2.1　黄浦江流域水污染排污权实践产生的背景

根据数据报告显示，黄浦江流域的水质在 20 世纪初期，就已经开始出现了恶化的趋势。在接下来的几年中，黄浦江流域的水污染问题日益加重。到 1928 年，黄浦江支流苏州河中游离氨的年平均含量已经严重超标，1928 年底，流域旁的工厂已经被迫迁出了黄浦江流域。20 世纪 50 年代初期，黄浦江流域的水污染情况越加严重，虽然江中还有水生物的存在，但是数量已经非常少。1958 年，上海市郊区新建的工业园区中，有众多污染排放量较高的企业，这直接导致了黄浦江水域水环境质量的进一步恶化。根据数据报告显示，在 20 世纪 60 年代以后，上海市市区内的江段流域每年都会出现季节性的黑臭，并且在江中已经没有多少水生物的存在。到 20 世纪 90 年代，总长 83 公里的黄浦江干流，已经有 42 公里流段是处于严重污染的状态。

8.2.2　黄浦江水污染排污权交易的具体实践

为了解决黄浦江流域严重的水污染问题，改善上海市水环境质量，国家环保局在吸收借鉴国外应对水污染处理成功实践的经验后，主要在上海市进行了工业污水排污权交易的试点。20 世纪 80 年代，上海市人民代表大会先后颁布了《上海市黄浦江上游水源保护条例》和《实施细则》两个条例。在此期间，上海市在黄浦江上游区域建立了水源保护区，并且进一步规定了新建项目的排污增量必须要低于规定的排污总量。如果企业想将这个总量指标在市场中的各个企业之间进行调节转换，就必须要得到上海市环保局的同意，否则不能进行总量交易。在这两个条例中，上海市人民代表大会也提出了一项新的保护措施，即实行将总量和浓度两种控制相结合的新排污控制制度，以代替原有的以污染浓度为核心的排污制度。

为了彻底地使黄浦江的水质得到改善，上海市环保局在调查研究了本市水域纳污能力和排污现状后，提出了到 1990 年，黄浦江流域工业污染源的排污量应在 1982 年排污量的基础上，再削减 60%的目标。并且根据这个目标，确定了流域内的排污总量标准。到 1986 年，黄浦江上游水源保护地区基本上都已经实施了排污许可证制度。此后，上海市加强了对上游污染的治理力度，展开了一系列行之有效的治污项目，并对超标污染的企业处以严厉的惩罚，不断地提高有关环境污染的检测管理能力。到 20 世纪 90 年代初期，上述目标基本上已经实现。到 2003 年为止，获得排污权许可证的企业已经占该流域内污染排放企业总量的 95%以上。

上海市第一例水污染排污权交易实践发生在 20 世纪 80 年代。1987 年，永新彩色显像管有限公司准备在黄浦江流域新建工厂，但是由于其建厂地址恰好位于黄浦江上游保护区内，所以，永新公司面临着一个两难的选择：其一，选择其他不处于保护区的地方新建工厂；其二，在保护区内新建工厂，但是必须要获得保护区内的排污许可证。可对于永新公司来说，第一种选择方案，不仅需要重新花费大量时间去寻找新的厂址，而且如果真的这样做，还会造成永新公司人力物力财力支出的增加，而且也会在一定程度上削减企业自身产品的市场优势。所以对于永新来说，更加偏向于选择获得排污许可证的方式来解决建厂问题。第二种方案，市环保局也综合考虑了永新彩色显像管有限公司的产品项目，认为该项目具有效益良好以及排污量较少等企业优势，因此向永新公司提出了一个建议：其可向保护区域内的宏文造纸厂购买排污指标。由于宏文造纸厂的排污非常严重，所以最后这个建议被采纳了，而这笔排污交易也很快达成。但是，在交易的过程中，具体的交易价格却是三方都犯难的一个问题。因为在此之前，上海市没有一例成功的水污染排污权交易实践，所以对于此次交易来说，是没有先前的经验可以借鉴参考的。但是，市环保局给出了交易双方一个明确的准则：最后成交的交易价格，必须要高于宏文造纸厂在进行治污时，所需要的最低成本费用。基于这个原则，交易双方达成了最后的一致，即永新公司以 7500 元的价格购买宏文造纸厂一天一公斤的排污量，总共购买了宏文造纸厂每天 195 公斤的 COD 排污权。由于考虑到保护区内各企业原始的排污权，都是由上海市环境保护局发放的，各企业没有任何的经济支付，所以上述的总交易费用应该按照相应规定全部交由市环保局管理，纳入环保治污的专项基金账户中，以用来对宏文造纸厂进行专项环保治理和维护更新老旧设备。但是，对于宏文造纸厂来说，当其想要使用这笔专项基金时，它必须先进行环保申请，只有市环保局批准通过后，才能够得到这笔基金用来对企业自身进行环保治理。而且，根据市环保局的相关规定，出卖额的80%是宏文造纸厂最多能够得到的环保治理经费，剩余的 20%钱款作为环保治理基金，归市环保局所有。但是在实际操作中，市环保局并不收取这 20%的管理费。

自从第一笔水污染排污权交易实践取得成功以后，上海市环境保护局在排污权交易的实践中不断对经验进行总结，并且改善规章制度，使得排污权交易实践逐渐有了一些规范性的做法。例如，在规定参与交易的双方条件中明确地指出，并不是一切有意愿想要进行排污交易的企业都可以参与到排污权交易中。排污权交易中的买方，必须是符合国家经济未来发展的基本要求的，而且是具有预期经济效益好和环境污染小等良好能力的企业。最重要的一点是，该企业还必须符合排放的达标要求。而对于排污权交易中的另一方来说，其出售的排污指标必须是它通过自身的努力，在自己污染治理中节省下来的多余排污量，而不是由于它在开始申报排污数额时，故意多申报而获得的排污数超额，如果是后者，市环保局会收回排污权并对违规企业进行严肃的处理和整顿。

在许多初始的排污权交易实践中，出售排污权的一方，都是由政府无偿给予该企业免费的排污许可证，并不是企业通过一定的经济支出来获得排污许可证的。然而，到 20 世纪末 21 世纪初期，已经出现了企业通过购买来获得排污许可证的情况。自 1987 年以来，上海市就开始不断尝试贯彻排污权交易。2009 年，上海市浦东新区开展了排污权有偿使用和交易的试点工作。2010 年，上海市委又下发了污染物许可证核发和管理的相关文件，将排污权有偿使用和交易的试点工作推广到了数家大型国有单位和企业中。

随着上海市经济的不断发展和国家对经济与环境协调发展的重视，在 2012 年初，上海市委意识到虽然黄浦江流域的排污权有偿转让和交易实践取得了一定的成效，但是依然没有彻底形成真正的市场化的排污权交易体系，所以，从2012年开始，上海市开展了全市排污权交易综合试点的研究。在过去几十年中已经取得排污权交易经验的基础上，上海市主要污染物排污许可证制度从2013年开始进行推广实施，截至目前，综合考察上海市排污权交易市场，可以发现这一制度已经在上海市取得了一定的成效。

8.3 从国内外排污权交易制度中获得的启示

随着世界经济发展全球化进程的加速，各国对于协调经济与环境共同发展都采取了各自的举措。现在，我国北方雾霾问题日益严重，促使企业与政府寻求更加良好的发展方式，使我们同时得到碧水蓝天和经济。国际上，利用经济手段来解决水污染问题已经成为了一个共识。有关水资源的排污权交易是目前各国都积极运用的一个进行流域水质管理的重要经济手段。

自从排污权交易理论产生以来，美国最先进行了实践，随后欧洲各国也在一定程度上运用了排污权交易手段进行经济环境的协调控制，我国在20世纪80年代，才出现排污权交易的实践。尽管排污权交易制度能够积极运用市场提供的价格信息，刺激交易参与者管理的灵活性，降低整个社会的总成本，最终实现水资源管理的总目标。但是，在排污权交易制度的几十年发展历程中，我们发现仍然需要在理论和实践两方面不断加以完善。排污权交易的潜在吸引力和潜力，使许多国家都在试行和尝试这种还未成熟的管理方式，并在实践的过程中，不断地完善排污权交易制度和理论，使其能很好地与本国本地区的发展状况相适应。

在前两节对美国和中国黄浦江流域水污染排污权交易实践的案例中，我们能够分析得出以下启示。

（1）在排污权交易体系中，政府的职能是极其重要的。政府不仅需要依据调查研究制定排污总量，再依据每个企业自身的治污能力，分配其拥有的初始排污权。政府也需要在市场有效运营的时候，有效地监督排污权交易制度的执行情况，并对交易实施有效的管理。从本章第一节的案例中我们知道，政府也可以成为排污权交易市场中的一个购买方，即使政府在交易市场一般充当的角色是出让方。但是，有时候政府为了使经济运行和环境保护更加有效，在发现交易市场中有多余的排污量时，也会购买多余的排污权，使排污权交易市场中的需求与供给得以均衡，间接起着调控市场价格的作用。可是，政府是一个管理机构，其主要的职能还是对交易市场的监督和管理，作为参与者，也只是政府在排污权交易市场中的一个辅助功能。政府将两种职能相互结合起来，能够使交易市场更加有效地运行，这样不仅不会浪费资源，提高对资源的利用率，而且也促进了区域经济的进一步发展。所以，在我国的排污权交易制度的建设过程中，不仅需要出台完善的交易政策和法规，提供制度保障，并且需要完善政府在交易市场中的职能，使政府能够在交易市场中充分发挥作用。

（2）在政府制定了排污总量标准后，严格控制总量标准对于环境的保护和改善是至关重要的。关于总量标准的制定，又必须要以实际环境所能容纳的总量为限制和以此制定上限额度。但是，在实践过程中，由于技术等方面的客观原因，容易造成污染量削减困难，使得立即实现理想的环境质量目标是不现实的，所以，对于污染量的削减，我们必须以排污总量为主要目标，以逐步递减排污量的方式来达到理想的环境质量标准。切记，欲速则不达。而在这一过程中，政府又必须在最初的时候就对企业进行排污削减的鼓励，尤其是对新建企业进行鼓励。因为如果企业在形成之初，就开始试行排污削减计划，并在企业不断发展壮大的时候，不断地完善自身的治污设备和严格执行政府制定的排污削减额度，那么就能减轻企业对环境的污染程度，更能直接避免企业对环境造成极其严重的污染。

（3）关于交易市场中排污信用的削减，要求必须是真实客观存在的削减，而不能是虚假的削减。真正的削减，是指企业在排污中要有实际污染物排放的减少。企业可以通过对自身安装符合环保要求的治污设备，并对企业内部产品的生产流程进行科学的改进，以及采用更加先进的设备来生产排污量更少的产品等方式，来实现企业自身排污信用的削减。然而，更加重要的一点却是，排污信用的削减又必须是可以计量的，即它是可以被量化的。在这个前提下，市场参与者又需要对市场中有关排污信用的供求信息及其他相关的信息进行及时的了解和掌握，以帮助交易双方更加有效地建立交易关系，加快交易的进程，并且使得双方在遵守交易规则的情况下，达成有效的交易。

（4）在排污权交易制度的实施中，最关键的一个问题就是要尽量减少交易成本，促进整个社会效益最大化。关于排污权交易制度，如果交易成本越低，那么就越容易产生收益，就能够对市场产生一定的刺激，以增强市场的活跃程度。并且政府通过自身的职能转换，在市场中起到隐性的推动作用，尽量追求以市场自身的变化来调节交易价格的波动。为了能使交易价格随着市场的变化进行自我调节，政府可以在制定交易制度时，首先设定排污信用的削减额度，并在相应的区域内设定具体的总量上限来确保市场的正常波动。

总之，一个行之有效的排污权交易制度需要明确以下几点：首先，出台完善的交易政策和法规，为排污权交易制度提供法律上的保障。其次，依据现实的环境情况，制定全面的治理规划，设定合理的水质治理目标。并且全面考虑一切可能对交易行为产生影响的因素，综合考评后选择恰当的交易形式和运作体系，建立有效的市场保障机制和完善流域管理体制。最后，最大限度地控制交易成本，达到水质保护目标，利用市场交易价格信息达到调控目的。

第9章 国内外公众参与水污染治理中的案例

9.1 日本琵琶湖治理的公众参与

9.1.1 日本琵琶湖的污染

琵琶湖是日本最大的淡水湖，同时也是世界上第三古老的湖泊，它位于日本滋贺县，四面环山，由地层断裂下陷而成，并且因其形状似琵琶而得名。它的流域面积约 674 平方千米，南北长约 64 千米。20 世纪 30 年代前后，琵琶湖的湖水还是清澈见底，水质良好，水生生物资源丰富，湖水甘甜甚至还能直接饮用，曾被人们亲切地称为"生命之湖"。

然而从 20 世纪 50 年代开始，由于战后日本政府与社会高度关注经济的恢复与增长，却忽视了对环境的保护，日本经济在战争的废墟上得到迅速发展的背后，是环境资源的不断糟蹋，包括曾经美丽的琵琶湖，由于工业废水和其他污染物大量排入湖里，特别是带有高浓度杀虫剂的农业废水在污染初期严重破坏了湖泊的生态系统，致使鱼类大面积死亡，并且使得琵琶湖的水质不断恶化，60 年代起开始遭遇水体富营养化的问题。尽管后期日本政府采取了增加铺设下水道和一些其他的控制污染的应对策略，但是 70 年代以后，琵琶湖几乎每年都会出现大片绿藻、淡水赤潮以及自来水霉臭等现象，大量污染物的排入，使得琵琶湖由一个贫营养湖完全步入到富营养化湖的行列。日益严重的湖泊水环境恶化问题严重制约了经济社会的发展，并且这种影响也渐渐扩散到周边居住的普通民众的生产、生活当中，使琵琶湖的污染治理、环境保护和妥善管理问题变得极为迫切。

9.1.2 琵琶湖的治理实践

9.1.2.1 政府方面

日本琵琶湖水污染事件发生之初就已经引起了政府的广泛重视，由于琵琶湖在民众生活中占有举足轻重的作用，滋贺县的许多居民甚至以琵琶湖里的水产品为生计来源，严重的污染导致人们的生产、生活遭受到了严重的威胁。为了对琵琶湖的监管与治理更加规范，日本政府在20世纪70年代起就开始采取了一系列法律手段来进行水污染的管制。1970年，"水污染控制法"出台，该法的制定对污水排出的水质标准进行了严格的控制。随后，又基于日本的"公共灾害预防基本法"出台了"环境质量标准"法规，其中规定的与人类健康、环境保护相关的管理标准也给当今世界上其他国家在这一领域的管制提供了很好的参考标准。

1968至1972年间，释伽直辖县又相继制定推出了"公共灾害预防民事法律"和其他有关污水排放规定的法规，真正地将琵琶湖水污染治理的实践与民事纠纷连接在一起。基于以上法制规范，从1971年起，琵琶湖开始执行"AA类"水质标准和相关的环境指标，并且出台了"环境保护整治方案"，与此同时，实施了一些相关的活动和措施来治理污染和恢复湖泊，结果表明这些举措均取得了很好的效果。到了80年代，日本又相继出台了"湖泊富营养化环境质量标准""湖泊水质保护特别法""琵琶湖水质保护方案"等，并在这些法案的基础上不断进行修补和完善。

除了这些法律手段，在琵琶湖的治理方面，日本政府还十分重视污水处理系统的改造。整个治理期间，建成了多家污水处理工厂，后期也花了巨额的资金对农村社区排水设施、污水处理工厂以及一些畜牧场污水处理设施进行了升级改造，这些工程大大减少了湖中富营养化发生的概率，最为突出的举措便是构建家庭污水处理设施，这样便从源头上"化整为零"地对琵琶湖的污染问题进行了全方位的综合性治理。

9.1.2.2 公众方面

琵琶湖治理初始，其所在地滋贺县知事广听善言，积极听取了民众、町、村长甚至是相邻县、市的意见和建议，然后拟定计划送县议会及国土交通省等相关部门进行审批。在经过多个部门的评估和协商后，计划才最终报送给总理大臣，再经由总理大臣批准之后下达落实到下级各个相关部门。不仅如此，滋贺县政府每个年度都要负责制订实施计划的草案，草案报送中央环境省等相关省的长官，同时抄送各有关地方机构和民众，继续听取各方意见。经过这样几番反复的修改，以确保方案实施的力度与合理性。

为了扩大全民参与的范围、增强污染治理的民众力量，滋贺县政府还把琵琶湖流域按模块分成甲贺、草津、八日市等七个小流域，并在每个小流域设立流域研究会，不仅如此，滋贺县政府还采取赋予民众责任的方式，分别选出一位协调人员负责组织居民以及小流域内的生产单位的代表，参与综合规划的实施活动。不得不提及的一点是，流域研究会的活动包括以下两方面：一是组织居民到不同区域参加植树和除草活动，还分派任务捡拾垃圾以及品尝对方区域生产出来的蔬菜、稻米以及水产品等，通过这样的带有趣味性质的活动，来加强小流域内部上下游地区间的交流，并激发群众亲身体验加强湖泊综合管理和日常生活的密切关系；二是进行跨流域踏勘、学习，包括河流水质、生物、寻找垃圾等，踏勘内容包括调查自己所在区域和对方区域的水质，通过调查、交流、共享流域信息等活动，调动每个人在生活中进行环境保护的积极性自觉性。

在加强宣传力度，广揽群众参与方面，滋贺县政府不断创新构建信息传播途径新方式，扩大公众参与面积。利用网络等媒体作为情报窗口，提供关于琵琶湖基础信息的大范围共享平台，还积极地进行了广泛的环保方面的科普教育。从1983 年开始，日本政府就在中小学中开展了"流动学校"活动，这个活动的目的就是对学生加强环境保护意识方面的教育，具体的活动包括让学生乘坐轮船观看琵琶湖以及一些重要的水污染处理厂和配套的环境保护设施，使学生们加深对琵琶湖的过去和现在的了解，从小树立环境保护的意识和观念。此外，日本政府还在琵琶湖旁边建立博物馆，展示琵琶湖及湖里生物物种的演变、古代琵琶湖地区居民的生活情况、捕鱼和航运的发展历程等，这些举措不仅对民众进行了很好的科普教育，同时也对湖泊水污染治理的实践产生了积极的影响，激发了当地居民对琵琶湖治理和保护的热情。这样，湖区居民的环保意识渐渐得到提高，人们越来越愿意把保护当地的生态环境作为一种习惯和责任，并自觉配合开展琵琶湖的年度治理活动。

滋贺县政府在引导居民树立环保意识、提高公众参与度的同时，把环境保护落实到生活细小事情上时，这一点是水环境污染治理中非常值得称赞和借鉴的一个重要的举措。与此同时，在公众措施方面，为了促进琵琶湖的综合整治，日本政府及相关机构积极鼓励各个地区的志愿者，让更多的有心之士组织在一起，加入琵琶湖的治理、监督以及宣传的行列中。同时还充分地发挥了个人、团体、企业、行政机关和研究机构等主体的特点，在合理分配任务的基础上，加强彼此之间的沟通与交流，使之既能发挥各自的自主性，互相之间又能进行有机地整合，使得环保治污的实践达到了事半功倍的效果。

经过 30 多年的精心治理，琵琶湖的污染得到了有效的控制，完善和健全有关公众参与的法律制度，使公众参与更加标准化和法律化，并在法律上给予公众参与环保治污最有力的支持。琵琶湖的治理前后约耗资 185 亿美元，现如今湖中蓝藻水华消失，水质好转，水体透明度达到 6 米以上，一跃成为全球湖泊水环境治理的典范。

9.2 昆明滇池治理的公众参与

9.2.1 昆明滇池水污染概况

滇池从它开始形成到今天已经经历了 7000 多万年的历史，在这悠长的历史中，滇池已经度过了它生命中最宝贵的幼年和成年时期，现如今，滇池已经进入了老龄化阶段。由于几千万年的地质变化，滇池的水域面积和原来相比已经减少了许多，湖盆也逐渐变浅，已经变成了一个半封闭性的湖泊。因为滇池属于高原湖泊，具有集水面积较小和源近流短等特点，而且由于昆明处于亚热带高原季风气候区，全年降雨量较少，导致了湖容水量不仅少，而且湖泊洁净水更新的概率几乎为零。所以，这使得滇池水域中进水量既少又脏，外排水量更是少之又少，促使水体在滇池中滞留时间过长，而需要全部更换一次则至少要花费 3~5 年的时间，这就进一步加剧了污染物在滇池中的沉积。

滇池流域水污染的一个主要原因，就是由于滇池地处昆明市最繁华区域，近几十年来，随着昆明市经济不断发展和城市规模的逐渐扩大，市区内排放了大量未处理或者处理不达标的污水进入滇池流域。另外，再加上滇池在地势上又处于城市的低区域地区，这严重阻碍了滇池中生态置换用水，直接造成了滇池流域的有机污染和水质富营养化。

由于滇池污染程度的不断加剧，流域中富营养化的持续发展，滇池的生态环境系统已经遭到了严重的破坏，流域中许多生物的种类和数量都产生了难以想象的改变。例如，受水污染的影响，滇池中原生湿地植物种类和数量急剧锐减，甚至出现了某些生物灭绝的现象，而以蓝藻为主的低等植物却大量繁殖。滇池的水污染不仅改变了其自身的生态环境，而且，由于流域中的水资源极其匮乏，严重加剧了生态用水的供给保障问题，使得污染排放量严重超过了滇池流域水资源所能承载的范围。

9.2.2　滇池水污染的治理实践

9.2.2.1　政府方面

滇池水污染治理开始于"八五"时期，最初主要是开展基础性的调查和研究工作，实施工程措施治理的项目较少。在"九五"期间，滇池流域的保护治理得到了国家的高度重视，滇池被列为国家重点加强治理的湖泊之一，列入了全国环保"九五"的重点工程之中。"九五"期间，云南省昆明市政府成立了"滇池污染综合治理协调领导小组及其办公室"。然而，由于在"九五"规划中，对滇池治理的客观预计存在着一定程度的缺失，导致了许多细节问题都没能按照规划的要求完成。

"十五"时期，主要通过对流域中老工业污染源进行治理和对新增工业污染源进行控制，来改善滇池水污染状况。但是，因为前期工作做得不够完善，导致部分治理项目建设进度缓慢，使得环保治理效果并未达到预期的结果。"十一五"时期，同时对滇池流域实施了环湖截污和交通工程两种措施，使得滇池流域内生态系统得到良好的改善，水质基本保持不变，市区污水收集处理能力得到了显著的提高。然而，滇池流域水污染的长效治理机制还是没有完全建立起来，滇池仍存在整体水质状况不佳等问题。

今年是"十二五"规划中的最后一年，在过去的五年时间里，滇池流域水污染治理的投入资金不断增加，治理项目也不断地进行了创新与扩充，使得治理项目更加多元化和实际化，污水治理理念不断深入人心，使得滇池流域的生态环境得到了进一步改善，但是，由于滇池水域中富营养化治理效果还是未能达到最佳状态，政府在未来对滇池水域保护治理还面临着许多巨大的挑战。

9.2.2.2 公众方面

自从"八五"计划拉开了滇池水污染治理的序幕后，不仅国家对滇池治理十分重视，从政策上制定方针治理保护滇池水源，公众也自发地组织了一些保护活动，开展了许多群众性的滇池保护行动，以呼吁更多的市民参与到滇池保护治理当中来。

2008 年，昆明市先后举办了"绿色奥运我参与，滇池治理我行动"和"一湖两江"两个大型的公益环保活动，以鼓励公众与政府一起参与到滇池的环保治理当中。次年，昆明市在"春暖盘龙江——2009 保护母亲河环保公益行动"的活动中，在滇池流域湖畔种植了百余棵柳树，以期能够帮助改善滇池水域的水质，在政府进行滇池流域治理过程中，贡献出自己的一份力量。2008 年 6 月 5 日世界环境日，昆明市民众又自发地举办了"保护滇池——创建生态昆明"的一系列宣传活动。在同年 8 月，昆明市又举办了"扮靓母亲湖——志愿者在行动"的活动，他们不仅对流域中的杂物进行了清理，而且还举办了"案例环保论坛"等一系列环保公益活动。

从 2010 年开始，昆明市政府协同昆明市市民一起，每年都会举办一次"放鱼滇池生态保护行动"，以减缓滇池流域中水生物的灭绝脚步，促使监督滇池的水污染治理，并且，该活动现在已经成为了保护滇池水污染治理的一个公益品牌活动，这是政府和公众一起治理滇池和保护滇池的很好事例。除此之外，随着政府对滇池治理措施的不断改善和加强，市民自发组织的环保活动也越来越多，例如，"徒步滇池，环保在行动""共筑海鸥之家，圆梦滇池碧水""关爱滇池自行车环湖一日行"等一系列以保护滇池为主题的公益型环保活动都在近几年由公众自发组织举办，并取得了一定的效果。

9.2.3 公众参与问题的原因分析

虽然随着国家对环保事业的大力发展和重视，昆明市政府和市民都加强了对滇池水污染治理和保护的关心与参与力度。但是到现在为止，即使有关滇池治理和环保的思想已经在校园中积极推广，而且较之前相比，关于滇池治污的具体信息也更加的公开化，甚至在滇池沿岸边，我们经常能看到市民自发地对滇池进行环保清洁的行动，然而，滇池水污染治理和保护的效果仍没有达到预期最令人满意的程度。

　　滇池治污情况没有达到预期的效果，主要是以下三方面的原因。

　　首先，由于政府工作的公开性和透明度还只是在某一小范围内，所以，导致公众对政府关于滇池治污情况的信息不是完全了解。并且由于政府和公众两者之间的信息渠道建设不是特别完善，使得公众往往只能在政府官网上看到滇池治污的结果，并不能够细致地了解滇池治污的具体过程，由此造成了公众只能对治污结果进行评估，而对治污过程缺乏参与的权利，限制了公众参与滇池治污的方式和阶段。

　　其次，公众参与环保治污的有效法律机制没有建立健全。因为滇池治污是从"八五"计划开始的，政府将重点都放在国家政府对滇池水污染的治理政策上，主要通过加强管理滇池流域周围的工厂排污情况和污水排放标准等方式，以期改善滇池的水质，而对于民众环保行动的重视，却是从 21 世纪初才开始出现的。又由于我国立法方面的流程过于烦冗复杂，流域水污染公众参与在我国发展得比较缓慢，没有很多较好的成功案例可以参照，所以，到今天为止，公众参与的司法途径还是不健全的，有关公众参与的有效机制也不完善，对于水污染治理问题的司法救济也是非常缺乏，途径少之又少，导致了公众对于滇池环保治理的参与只能局限在有限的公益活动中。

　　最后，公众参与滇池环保治污的意识不是很强。因为昆明是众所周知的中国最美丽的"春城"，一年四季景色都非常美丽，气候也十分宜人，导致民众容易遗忘和忽视昆明市存在的水源污染问题等不好的方面。所以，公众缺乏主动参与滇池水污染治理的意识，也间接导致了民间环保组织的缺乏。又由于民众参与意识的淡薄，在政府环保治污的短处，公众缺少资金投入的有效机制，去弥补政府治污的不足之处，以促进滇池环保治污能够取得更好的效果。即使有部分公民意识到环保治污的重要性，滇池治污思想也在学校中进行了传播，可是在大多数公众的思想中，依旧没有滇池环保治污的意识产生，产生的环保治污思想也不是非常强烈，直接导致了公众这一环节对滇池环保治污的缺乏。

9.2.4　滇池保护治理公众参与的对策及建议

　　滇池是中国第六大淡水湖泊，国家非常重视滇池的水污染治理问题，在昆明市经济迅速发展的同时，也要求能够建立健全滇池流域环保治污制度，并增强公众对滇池"母亲河"的保护意识。所以,在国家连续五个"五年计划"中都对滇池流域水环境治理问题提出对策的情况下,对于公众参与滇池水污染环保治理的制度也需要建立健全,我们可以从以下几方面进行改善。

第一,完善和健全有关公众参与的法律制度,使公众参与更加标准化和法律化,并在法律上给予公众参与环保治污最有力的支持。

第二,增加政府环保治理工作的透明度,保障公众的知情权,并且扩充公众参与环保的途径与方法。

第三,加强对公众进行环保知识的教育,增强公众参与环保治理的意识,使得公众能积极参与环保治理活动和形成更多的民间环保组织以实现对滇池流域治理的更加有效的保护。

第四,政府加强政府工作的公开性,让公众能够有效地表达对治污问题的意见和建议,推进滇池流域水污染治理的政民合作,使得治理措施能够更好地在滇池流域进行推进。

9.3　小　结

随着经济全球化进程的不断加速,各国对经济发展的热情持续高涨,许多国家在发展经济的同时,更加注重对环境的保护与对污染的治理问题,都在谋求环境保护与经济发展协调进行。对于现如今的环境问题,已经不仅局限于对蓝天白云的污染这些民众能够用肉眼轻易观察得到的问题,更多的是由于经过了多层装置才出现在我们面前的使用水以及水资源污染等问题,这些问题往往也是民众最容易忽视的问题。但是,随着各国对环境保护治理认识的逐渐加强和治理制度的不断完善,各国之间不断吸取彼此环保治理的成功经验,使得水污染问题在一定程度上得到了遏制。

随着各国对于水污染治理行动的持续进行,公众参与的重要性越发被相关部门所重视。伴随着水污染排污权交易实践在全球的普及,更多的关注点,放在了公众参与水污染治理当中。在本章的前两节中,我们分别介绍了有关日本琵琶湖治理的公众参与实践与中国昆明滇池治理的公众参与实践。从这两个公众参与的水污染治理案例中，我们可以感觉到国外和我国国内对于公众参与的做法在一定程度上存在着差距。这是因为我国对于水污染环境治理的措施大多数都是在 20世纪 80 年代左右才开始全面展开的。然而，对于公众参与治理水污染问题的必要性，我国同样是非常重视的。关于以后在水污染治理中公众参与方面的措施，我国不仅可以借鉴国外许多优秀的实践经验，也可以直接从国内外多项公众参与实践中进行充分的归纳与总结，再结合我国各流域的具体水污染情况和各地的政策计划，因地制宜地制定各流域的公众参与政策。同时，国内各流域间的公众参与政策也可以进行相互沟通和探讨，使各流域不仅在政策上达成改善水污染问题的共识，在民众方面，也要积极提升卫生环保意识，加快我国国内总体环境的改善，激发公众参与的积极性。

第10章 江西省乐安河水污染与防治对策

10.1 乐安河水环境现状

乐安河长达279千米,源头始于婺源县郡公山,流经婺源县、德兴市、乐平市、万年县、鄱阳县等县市,整条河流属于饶河水系,最后流入鄱阳湖。乐安河流域面积为9616平方千米,其中婺源县境内1649.2平方千米,德兴市境内2503.2平方千米,乐平市境内1973.1平方千米,万年县境内57.66平方千米,鄱阳县境内3432.8平方千米,主要的支流有清华水、长乐水、大坞河和重溪水。乐安河平均年径流量80.6亿立方米,丰水期河宽为100~200米,枯水期一般为30~100米。[①]

早在唐宋时期,乐安河上游流域德兴市就是一个重要的有色金属采矿基地,所以乐安河的水污染有着较早的历史,但那时的水污染远没有达到严重的地步。现在的乐安河严重的水污染主要是现代生产生活所造成的,特别是上游和周边的工业所排放的工业废水。一般来讲,河流水污染可以分为点源污染和面源污染,乐安河也是如此,点源污染的污染源主要来自工业废水和城市生活污水,面源污染的污染源主要来自农业生产、畜牧业养殖和农村生活污水。通过对乐安河的污染现状来看,乐安河水污染严重的主要原因是工业污染,另外城乡生活、农业和畜牧业水污染也是另一个重要原因。

---

① 王嵘,万金保. 乐安河水环境现状调查与保护对策 [J]. 江西化工,2004(3).

10.1.1 工业污染现状

自新中国成立之后，国内百废待兴，并大力发展重工业，由于乐安河上游地区德安县有着储藏丰富的有色金属资源，于是陆续开办了一些矿山，比较著名的有德兴铜矿。在这之后，乐安河流域沿线地区为了发展经济，凭借丰富水资源的优越条件，陆续创建了一些工业园，这些工业园的大部分都是污染型工厂和企业，比如有色金属冶炼厂、化工厂、制药厂和造纸厂等。这些矿山和工厂每天都向乐安河排放大量的污水，造成乐安河水污染十分严重，特别是重金属污染和酸性废水特别严重。

从乐平市政府发布的调研报告可知，从 1970 年起，每年乐安河流域上游的工矿企业向乐安河排放多达 6000 多万吨的工业废水，废水中含有二十多种重金属污染物和有毒的非金属污染物。由于重金属污染和酸性废水污染造成下游地区土壤受到严重污染，上千亩良田寸草不生，许多地区的水质为Ⅳ类水质标准，不能直接饮用，给当地群众的生产和生活带来严重的影响，并且危害到动物和人类的生命安全。[①]

除了重金属污染外，工业污染源中酸性废水所带来的污染也很严重，虽然工矿企业采矿中还会向河流排碱性废水，能够中和一部分酸性废水，可是乐安河上游地区的工矿排放的是浓酸性废水，导致在乐安河河水还是呈现酸性。乐安河的酸性河水对流域周边的土壤造成了严重的污染。通常，都是通过 pH 值来监测土壤的酸碱性，从对上游矿区的土壤调查发现，pH 值越低，酸性越强，土地减产越严重。

10.1.2 城乡生活、农业和畜牧业水污染现状

除了工业企业的污水排放所带来的污染外，城乡居民生活用水和农业用水污染也是乐安河污染的原因之一。随着经济的增长和城镇化的不断推进，乐安河两岸的城镇居民也越来越多，由于环保意识淡薄，城镇居民的生活污水排放量也越来越大，但是生活污水的处理率却很低，只有 20% 左右。同时在乐安河流域的农村地带，生产生活方式相对比较落后，没有专门的垃圾回收站对产生的垃圾进行

---

① 黄学平，万金保. 乐安河水环境现状及其治理措施 [J]. 长江流域资源与环境，2005 (11).

回收，垃圾随处堆放，甚至有些人直接将垃圾堆向农田中。下雨天，这些随处堆放的垃圾侵蚀着地表水，随着地表水向下渗透，又进一步污染地下水。除此之外，农村的生活污水基本上都是直接随处排放，没有做任何处理。另外，郊区的畜牧养殖业产生大量的牲畜粪便也造成大量的污水，这些污水重氨氮和COD 的产生量以及进入环境水体的排出量非常大，对乐安河的水质也造成很恶劣的影响。

10.2　乐安河水污染成因

10.2.1　工业企业污水排放

造成目前乐安河污染严重的原因是多方面的，通过分析乐安河流域受污染的实际情况发现，工业污水排放是造成乐安河水污染最直接的原因。乐安河流经的各县市在乐安河两岸都有大大小小的工业企业，这些工业企业中的绝大部分，没有对工业污水、废水进行处理或者只是进行简单处理，直接排入乐安河，给乐安河水环境造成极大的污染和破坏。其中造成最恶劣影响的是乐安河上游的德兴铜矿。这些工业污染源不仅对乐安河本区域的水源造成了极大的污染，同时给乐安河下游的水环境造成了极大的破坏，严重影响了当地和下游人民的生产和生活。工业企业对乐安河的污染主要表现在两个方面：一是其产生的重金属的污染；二是其排放的酸性废水的污染。

上游工矿企业排放的污水中重金属超标严重，不仅对当地百姓的生命和财产带来巨大的损失，还严重影响了乐安河的水质，在许多河段都检测出重金属元素超标，水体和土壤中重金属元素 Cu、Pb、Zn 含量高。流域周边的许多村民因为饮用含有重金属的污水，得了许多怪病和重病，甚至出现了"癌症村"。重金属污染造成土壤减产严重，9269 亩良田变为荒地，多达 1 万余亩的耕地产量大减。同时工业企业排放的酸性废水严重破坏乐安河的水质和周边的生态环境。在乐安河流域部分河段，鱼类生存率极低，水质强酸性导致水不能饮用，水质仅为地下水Ⅳ类标准。另外，乐安河两岸的树木大量枯死，寸草不生。[①]

10.2.2　生活污水和农业畜牧业污水

由上文可知，工业污染是乐安河流域水污染的主要原因，但居民生活污水和农业畜牧业污水也是另外一个重要原因，特别是随着社会经济的快速发展和城镇化水平的不断提高，城乡居民的生活污水排放量日益增加，农业和畜牧业所产生的污水也给乐安河的水质产生了重大的影响。

在城镇地区，除了城镇居民的生活污水带来污染之外，城镇居民和服务业产生的垃圾也对乐安河的水质产生了不利影响。这些垃圾循环利用率很低，并且很少得到有效处理，往往运往河流附近大量堆积，最终造成水体污染。

在乐安河流域两岸，由于气候和水资源等自然条件较好，因此农业生产是当地一项重要的生产活动，农业收入是许多农民的主要生活来源。同时，当地的农业机械化和科技水平低，因此当地农民依赖使用化肥和农药来提高农作物的产量，并且这些农药和化肥含有较重的化学成分，这些化学成分一部分被土壤吸收，一部分最后通过雨水和地表水流动流入河流中。此外，乐安河流域沿线畜牧业也在不断发展，其所产生的动物粪便含有较高成分的氨氮和COD，这些动物粪便往往没有被合理处理就直接倒入乐安河，造成乐安河流域的有机成分增多。

10.2.3　片面追求经济增长，忽视可持续发展

乐安河所流经的两市三县是属于经济欠发达地区，被污染之前这里有着富庶的土地，是江南鱼米之乡，但经济总量不高。为了发展经济和增加财政税收，在东部沿海产业向中部转移之际，这些地区政府大力承接了许多企业，而这些企业大部分是属于污染性企业，对环境有着极大的破坏力。同时，在乐安河上游地区，有着丰富的铜矿和铅锌矿，随着这些资源的大规模开采，大量重金属和酸性废水随着污水排放流入乐安河。

虽然国家早已下令取缔对环境污染严重的企业，但一些地方政府和地方官员，为了片面地追求经济增长和税收增长，不惜以牺牲环境为代价，往往是"上有政策，下有对策"，依旧保留了这些重污染企业。随着环境问题的日益突出，国家对

---

① 廖合群，金妹兰. 德兴铜矿开采环境代价分析［J］. 价格月刊，2013（12）.

于工业企业的污水排放提出了环保要求，要求在排放之前进行污水处理，但这会直接提高致污企业的生产成本。许多工业企业以追求利润最大化为目标，没有较强的社会责任感，忽视了环境效益和生态效益，往往会向当地政府进行寻租，而某些地方政府及官员因为寻租活动以及政绩需要，经常保持一种听之任之的态度。

由于一些工业企业没有较强的社会责任感，没有严格按照国家环保标准进行排污，对环保采取一种冷淡的态度。在这种情况下，地方政府没有发挥好自身的监管职能，片面追求本地区的经济增长，地方官员以一己之私，追求个人政绩，没有坚持可持续发展战略，使得乐安河的水环境污染日益严重。这也造成了因为上游企业肆意地排污，导致下游地区的百姓的生产和生活受到极大的损害，最终引起流域地区间矛盾的加深。

10.2.4　治污成本过高，政府和企业无力承担

要治理和保护乐安河流域的水环境，政府需要投入大量的资金，虽然中央政府能给予财政拨款，但资金的主要来源还是江西省政府。江西省是个经济欠发达的省份，财政收入有限，因此除了使用财政收入之外，还需要向银行贷款，但最终还是需要由省政府偿还。虽然地方政府能够通过征收排污费和污水处理费来取得一部分收入，但远不能满足乐安河治污的需要。同时乐安河治污涉及上下游各县市的利益，由于各地区更多的是从自身利益出发，很难协调统筹治理资金。在这种情况下，很难发挥出政府治理和保护乐安河的积极性。

此外，从现在所使用的治污技术来看，因为技术水平有限，治污成本过高。如果要提高治污水平必须采用先进的机器设备，这对于企业是笔较大的投资，负担较大。以造纸行业来讲，每天一个普通的工厂处理污水所需要的成本大约是 2 万元，这对于企业来讲是一项较高的成本开支，往往难以承受。因此，许多企业最后经常选择偷排超排，宁愿被环保部门罚款，也不愿处理污水而承担较高的成本，所以许多工厂污水处理设备在很大程度上是一个摆设，主要是为了应付环保部门的检查而已。

10.2.5　公众参与水资源保护和治理机制缺乏

乐安河的水资源状况与乐安两岸的百姓的生活息息相关，因此对于乐安河流域的污染治理，公众参与十分必要。公众参与一方面能够对工业企业和行政机

关在乐安河水域保护起到监督作用，另一方面能够发挥群众的力量，集思广益，提高大众环保意识。但从目前来看，在乐安河水资源保护的过程中，公众参与机制十分缺乏。对于乐安河流域水污染的治理主要依靠发挥相关行政部门的作用，颁布和制定相关规定和政策去解决水污染的治理问题。

在乐安河的一些周边地区，因为河水被工厂排放的有毒废水污染，导致该区域的乐安河长期出现死鱼现象，周边大量的村民因饮用被污染的水而染上各种疾病，一些地方还出现"癌症村"的现象。当地村民因为乐安河水污染问题多次向有关部门上访，但相关部门每次都没有正面处理，总是以一些"环保部门怎样加强监督，强化管理"的空话回应，这说明公共诉求通道是不畅通的，无法维护自身的权益。

近年来，江西省政府对乐安河污染的问题越来越关注，不断开展治理和保护工作。省发改委和环保厅为了缓解乐安河污染问题，出台了一些治理措施和规定，但在措施的施行过程中却很少让公众参与进来，比如开展公开论证会，听取各界对保护和治理乐安河的看法。也较少开展保护水资源的宣传教育工作，从而提高大众的环保意识。

居民用水污染也是水污染其中的一项重要原因，因此普及大众的水污染意识很重要。乐安河的水污染除了工业企业的污染之外，城乡居民生活污水也是重要的原因。由于环保意识淡薄，居民在用水方面没有节制，在农业用水上容易造成污染，这对于乐安河水环境也是一个较大的挑战。但目前相关政府部门在鼓励公众节约和保护水资源方面的工作做得还不够，没有将公众在保护水资源方面的作用发挥出来。

10.3　乐安河水环境污染治理对策

10.3.1　加强对污染源的防治

10.3.1.1　对流域沿线工业污染进行防治

工业污染是乐安河流域的污染源，因此加强对乐安河工业污染的防治是乐安河水环境污染治理工作的重中之重，必须高度重视和采用有效的治理方法。之前较长一段时间里，对于工业污染我们主要是采用事后处理的方法，在污染发生之后进行末端治理，或者是以某种排放标准来规范污染物排放，从国内外的实践经验来看，这种治理方法往往效果差、成本高，不能较好地缓解环境污染的问题。因此，这就要求我们对工业污染的治理要转变观念和方法，采用事前处理，即源头处理方法，而不再使用事后治理的方法。源头治理的核心在于"防"，从源头上防止和减少工业污染源的产生，少污染、少排放。要从源头防止和减少工业源的污染，首先，需要坚持科学发展观，坚持可持续发展，坚持绿色发展。江西省是个经济欠发达的省份，在大力赶超经济的同时，也要保护好本地区较好的环境资源，要不断优化经济结构，逐渐淘汰高耗能、高污染的产业和企业。其次，对于工业企业，要整顿或者关闭偷排、超标排污严重的企业。最后，对于工程项目的审批，特别对环境有较大影响的项目，要严格把关和审批，从源头上减少污染源，减少对生态环境的污染。

10.3.1.2　对流域沿线城镇生活污水进行处理

乐安河目前的污染状况虽然主要原因在于沿岸工业企业的水污染，但沿线城镇居民生活污水污染也是不可忽视的一个原因，特别是现在随着经济发展和城镇化的不断推进，城镇居民规模越来越大，因此城镇居民生活污水所产生的影响也日益增强，所以必须要重视对乐安河流域沿线城镇生活污水的治理。首先，环保部门要加大环保宣传，提高城镇居民的环保节水意识，让社会大众意识到水资源的稀缺性和重要性，在生活上注意节约用水和减少水污染。其次，要根据社会发展的需要和政府的需要在政策及资金上支持建设更多的生活污水处理厂，从而尽可能地减少生活污水对乐安河的有机污染。在选址方面，污水处理厂的建设要遵循离各污染源距离最小的原则，这样一方面方便将处理好的污水就近使用，另一方面能减少管道建设和成本费用。

10.3.1.3　对流域沿线农村面源污染进行控制

伴随乐安河流域经济的快速发展，农村面源污染对乐安河流域的水质的影响也越来越大。农村地区的生活、农业生产和畜牧业养殖所产生的污水有着大量的 COD 和氨氮，并且污水的排出量非常大，所以对乐安河流域农村面源污染进行控制十分必要。首先，环保部门应该在农村地区大力宣传环境保护知识，提高农村居民的环保意识和节约水资源意识，让他们意识到水污染对他们生产生活以及个人身体健康的危害。其次，应该在条件差的农村地区大力发展循环农业生态圈，循环利用农村生产生活所产生的污水，减少向河流排放，并且要提高农村地区的农业生产力水平、科技水平和机械化水平，从而提高农业增产增收，降低农业增产增收对化肥农药的依赖。再次，要提升畜牧业养殖的科技化和现代化水平，并且建设相配套的污水处理系统，同时要对污染物排放比较严重的畜牧厂进行整顿，控制畜牧养殖点的污染。最后，严禁对农村地区植被的破坏，做好水土保持工作，防止水土流失，减少乐安河的泥沙化，提高其污水自净能力。

10.3.2　健全乐安河水环境管理体制

10.3.2.1　成立统筹乐安河水资源保护和治理机构

为了能够有效地加强流域水污染的治理，许多国家都设立了环保机构，如流域水环境统一协调和治理机构，这些机构的设立打破了行政区域划分的限制，整合了各流域的管理部门的职能，实现了流域上下游以及政府各部门之间的协调合作。同时，指导水污染治理工作以及制定流域水污染防治综合规划一定要以流域为单元。要解决由跨省市水污染问题产生的矛盾，需要通过流域水污染协商机制，该机制也是各地区加强交流协商的渠道。

乐安河流域水资源保护小组和水资源保护局的成立是为了统筹对乐安河水域的保护和治理工作，并且负责解决乐安河水污染防治问题以及水资源保护问题，对防治工作的实施情况进行检查监督，审议、批准流域的治理任务和措施。所以，要想提高乐安河水污染防治的管理效率应该明确各部门的权责，并且加强部门内部之间、同部门的上下级之间以及部门之间的沟通协调。

10.3.2.2　强化流域管理机构的监管职能

乐安河因其特殊的地理位置，所以其所面临的水污染问题比较复杂。该河流流经两市三县，对于该河流的治理工作关系到河流的上下游、左右岸，所以应该加强流域机构对于水污染治理方面的监督管理。第一，对于流域内的入河排污量以及跨省河流的水质流域机构应该定时监测，及时提供监测数据。与此同时，还要对水质进行监督管理，并定期评价对流域内各省的污染排放总量的控制情况。第二，水污染物的排放总量目标需要结合乐安河流域的实际情况具体落实到各地区、各行业以及各个排污企业，同时制定相关的管理标准，这样便实现了在宏观控制的基础上进行微观定额的目标。由于乐安河流域水环境承载能力弱、水资源短缺，即使所有工业污染源都严格达到了国家排放标准，也不能完全避免水污染问题，针对乐安河流域的实际情况，国家可以制定更加严格的污水排放标准，加强对其污染的控制的同时完善与农业面源污染有关的立法，从而达到从源头上控制污染物质的投放使用的目的。第三，对排污企业的监管，流域机构要兼顾国家相关的产业政策，要提出限制甚至禁止的产业或者企业排污目标，同时需要逐步淘汰一些效益差、污染难以治理的企业。督促工业企业采用清洁的生产方式进行生产，转变水污染防治思路，使其从侧重末端治理转向重视全过程控制，从而有效地改善水质，尽可能地减少排污量，确保乐安河流域资源环境的健康可持续发展。

10.3.2.3　完善乐安河治污工作考核制度

乐安河流域在考虑社会经济发展的时候更多的是考虑经济发展指标，环境的保护往往就被忽略了，在发展经济指标的同时环境资源的破坏没有被完全兼顾到，再加上乐安河流域地处经济不发达地区，这样就使得乐安河水污染问题一直得不到彻底解决。采用绿色 GDP 这种新的考核指标同时改进治污工作考核机制可以改变当前治标不治本的现状，并且推进会经济和环境的协调发展。有关领导部门可以优先把资金和拨款提供给治污工作完成较好、成绩突出的县市，同时各级环保部门应该在政绩考核体系中加入治污工作这一考核指标，并实施奖惩制度，这样一来就能更进一步地有效开展治污工作。相反，对于一些治污工作不能达到考核目标、决策失误导致生态破坏和环境污染或者不按照法规和政策的明确规定执行水污染治理工作的工业企业，管理部门需要追究其行政责任，后果严重的需要追究刑事责任。因此，在治污这项工作上需要将地方政府的工作积极性完全调动起来，将环保指标作为部门治污工作考核的硬指标，同时构建有效的奖惩制度，将乐安河的治污工作作为一项系统工程，保证各个环节的政策和措施能够有效落实到位。

10.3.3　利用市场机制的经济激励手段

考虑到乐安河的环境负荷大以及水污染形势还是很严峻的情况，政府在发挥主导作用的基础上需要完善和创新现有的治理政策，在市场机制的大环境下，充分利用经济激励手段的优越性。政府可以利用国内外在市场经济中使用经济激励手段所获得的经验，在此基础上试点并推广。管制手段是一种外部约束力，其基本形式是条例、法规、标准以及处罚，这些手段的共同特点是具有刚性和约束性，然而经济激励手段却不相同，它利用的是市场机制内部的约束机制，使得经济主体所产生的环境外部性等问题内部化，其具有一些如高效性、灵活性、低成本等特别显著的特征，此外，还能产生技术革新的持续激励效应。鉴于乐安河当前的治理现状，在构建水环境生态补偿制度之后，政府可以适时地在乐安河流域水环境保护和治理政策越来越成熟的情况下开展排污权交易以及环境污染责任保险试点工作。

10.3.3.1　建立健全生态环境补偿制度

自从加入世界贸易组织后，国家更注重在发展经济的同时也要保护生态环境。从 2005 年到如今的十年时间里，人大代表多次在人民代表大会上提出建立有关生态环境补偿制度的议案，同时，政府也多次在相关的环境保护文件和报告中提及要建立健全生态环境补偿制度。2008 年，通过国家和民众的共同努力，第一部与生态环境补偿制度有关的法案——《中华人民共和国水污染防治法》在全国范围内开始实施。该法案明确要求建立健全各地水环境生态保护补偿机制。法案一经实施后，在全国各地都引起了很大的反响。为了贯彻落实国家的政策要求，各省市都尝试进行了一些有关水环境生态补偿的实践。

由于乐安河流经多个市，所以，关于处理水流域污染超标问题和水资源管理使用等方面问题时，往往都找不到明确的上级管理者，这严重破坏了乐安河流域的生态利益，还造成了生态利益与经济利益之间的失衡。因此，为了改善乐安河的生态环境，促进各市携手共同保护乐安河，协调流域内各地区的经济共同发展，在乐安河流域推行和建立水环境生态补偿制度是十分必要的。对于补偿制度的建立，我们可以在综合考察流域内各地区实际情况的基础上，选择几个符合生态要求的地区进行试点，以进一步研究和探索符合乐安河流域的水环境补偿方法和制度，待取得成功后，再逐步在乐安河流域进行全面推广。然而，在乐安河流域进行试点时，我们必须明确以下几个问题。

（1）界定清晰补偿体系中的主客体。在试点的过程中，关于生态环境补偿体系中最核心的"谁补偿谁"的问题，应该秉持"谁破坏谁补偿""谁使用谁补偿"以及"谁受益谁补偿"的原则，并且要按照要求，对保护乐安河生态环境的群体进行一定的补偿。在此问题中，我们必须根据各个试点具体的情况来确定本支流中生态补偿的主客体。又由于乐安河的上游区域已经实行了相关的水环境保护政策，给整个乐安河流域带来了一定的收益，而下游区域中的居民和企业又是上述水环境保护政策的受益者，所以，在这个补偿体系中，他们都被纳为补偿主体。在流域上游的环境保护者和关停整改的企业，则是相应的补偿客体。另外，企业或者个人为了自身利益对水资源进行破坏和污染的，应当作为补偿体系中的主体，对流域中因水质污染而遭到损失的受害者进行补偿。综上所述，在水环境生态补偿体系中，补偿对象一般分为两种：一是生态建设者和保护者；二是利益受损者。

（2）选择合适的补偿方式组合。关于乐安河流域的补偿方式，必须根据各支流的具体情况而制定，不能盲目地借鉴其他成功实践中的方法。在进行初步试点时，可以采取多种补偿方式并行的结构，将政策、资金和实物等补偿方式有效地结合起来，开发流域内生态补偿体系的市场化和社会化，建立多层次的补偿体系。

在已有的国内外实践中，以资金作为补偿是最普遍的一种补偿方式。由于建立了上游保护区，所以该地区是环境保护的受益者，处于流域下游的地区却是保护制度的最大受益者，它们两者都是补偿的主体。关于具体的补偿措施，在下游地区，可以通过提高水价的方式，按照一定的比例将部分水费归入乐安河水环境补偿基金账户中。在流域上游，也可以采取高水价的方法，来获得生态补偿资金。从上下游中获得的全部补偿基金，都必须按照规定用于乐安河的保护与治理，只能进行专款专用，不能挪作他用。而在那些经济相对欠发达、资金不足的流域地区，则可以采取政策补偿措施，即对该流域地区给予一定的政策倾斜，以激励其积极保护和改善水环境，并为该地区能更加快速有效地获得治理资金提供政治保障。另外，实物补偿是指以物质或劳动等实际物质进行补偿，以充实补偿者生活和生产要素。在乐安河流域的水环境生态补偿体系的建立中，涉及的不单单是资金和实物的补偿，还有为补偿者提供相关的技术咨询和指导，以期在该流域能拥有更多的专业技术人员，运用智力补偿的方式来进一步提高受补偿区域的管理水平和技术含量。

（3）建立健全与水环境生态补偿相关的保障措施。

第一，改进和完善乐安河的水环境生态补偿法律法规，建立健全生态补偿制度。以法律法规的形式，明确规定生态补偿的方法、对象、范围以及标准等相关内容，并统一规定流域内各支流的水资源开发管理和保护管理制度，能为有效地建立起水环境生态补偿制度提供法律和制度上的保障。

第二，建立整个流域的协商平台和仲裁制度。乐安河流域作为江西省的一个重要水域，需要专门设置一个管理部门，来负责协调流域各地区之间的利益关系，为各地区间的矛盾冲突构建协商平台，以减少由于缺乏沟通导致的流域整体利益的丧失和流域水质的破坏，明确各地区的环保目标以及各自的职责。为了解决各地区之间不能协商解决的事宜，要在流域内建立相应的仲裁机构，制定乐安河流域的仲裁制度，帮助各地区解决水资源纠纷问题。由此，需要建立完善的仲裁体制，在仲裁机构不能解决的情况下，能由上一级环保管理部门进行仲裁裁决。而对于水污染所引起的赔偿金和赔偿责任的纠纷，在某些时候，还需要根据相关法律，由法院裁决。

10.3.3.2 排污权交易试点的开展

关于排污权交易的试点，首先进行小范围支流的试点，其次逐步扩展到跨省市及企业的水污染交易试点，最后在取得一定的成功后，再在流域内进行全面排污权交易。但是在实施的具体过程中，必须要有严格的体系和技术支持作为保障，才能获得试点成功。而这需要以下几个基本条件。

（1）总量控制目标的确定。总量控制目标是进行排污权交易的前提条件，只有总量得到了确定，才能对每个企业的排放量进行分配，以确定它拥有的排污交易量。而总量的确定又必须要结合当地的经济发展状况以及环境的最大承载量等来考虑，否则更容易加重水环境污染问题。

（2）明确的分配方法。在总量目标确定以后，对于在各个企业之间排污权的分配，需要有明确的方法，使得各个企业获得公平的排污权。一般较常使用的分配方法有历史数据法、排放绩效法和拍卖法。

（3）制定合理的排污权交易管理办法。细化各项排污指标的分配管理方案，根据调查研究得出的不同数据，制定具体的交易方案、规则以及监督管理制度等。

（4）扩宽交易平台，建立网络交易平台。随着移动互联网的发展，使用网络进行交易，能加快交易数据的传输和监控，提高企业交易权管理效率，增加信息传播的速度，促进交易快速有效地进行。

（5）建立排放计量体系。在各个企业安装监测设备，按科学的方法设计排放核算方法，建立排放跟踪系统，实现企业全面的污染监测和环保监控系统的联网。

（6）建立完善的排污权交易法律制度，并逐步推广，以保障市场中排污权交易的有效进行，使排污权交易更加安全有效。

10.3.4　优化乐安河流域水污染治理的投融资方式

为实际保障乐安河水污染问题得到根本解决，仅仅通过政府的力量是远远不够的，还需要企业和社会大众的多方投资和参与。在投资方面，要谨遵"政府主导、地方为主、市场运作、社会参与"的原则，用于改变创新原有的融资渠道，积极构建多元化、多样性的投融资新格局。

10.3.4.1　设立投资治污的政府专项资金

在政府部门模块，为对乐安河治污的资金流入和流向进行规范、正确的引导，可以设立专门的治污专项资金，这样可以促使资金和专款的有效利用。通常来说，污染治理的资金一般都来源于财政补助和财政拨款、环保基金和一些通过收取排污费而来的资金等，这些资金的用途也一般体现在流域工程建设、区域污染防治项目、污染治理费用等方面。污染治理政府专项资金的设立，有利于加大对环境保护的支持力度，更对促进具体建设的项目资金到位有着十分重要的作用。为了加快乐安河流域的水污染综合治理的进程，不仅要有效地促进相关的污水处理设施的配套建设，还应当将水污染治理的设施建设项目，纳入基本的建设投资以及财政支出的计划中去。另外，还需合理安排项目资金，并适时给予一些优惠政策给那些专业化的负责治污设施建设和运营的公司，以示鼓励。从乐安河流域当前的治理情况来看，设立治污专项资金后，还应当长期统筹考虑如何运用，最好是能够形成环境保护与资金使用的合力。同时，还应当建立相关的信息公开与监督制度，及时对专项资金的使用情况进行严格的监管，防止贪污腐败，这样才能切实有效地将这部分资金落实到流域水污染治理的工作当中。

10.3.4.2　拓宽企业治污的融资渠道

在企业方面，应积极寻找思路拓宽企业的融资渠道。一般情况下，企业治理污染的资金来源都是银行贷款的融资方式，为了给予治污企业适当的激励，还可以采取税收优惠政策，对于一些参与到乐安河流域水污染治理中，并积极采用先进的环保设备或技术、提供了实用的环保信息的企业，政府可以在对其征收企业所得税和增值税时给予一定的优惠，所采取的措施可以是减税、退税甚至可以对表现突出的企业进行免税等。此外，引入现今比较新颖的筹募基金、债券等创新方式也是值得探索的，企业债券融资的优点在于这种方式的融资成本低，并且短期就能筹集到需要的环保项目建设资金。

10.3.5 强化公众参与乐安河水污染治理的互动机制

乐安河流域的水污染治理，除了需要政府设立专项资金、企业积极融资方面的手段突出之外，还需发动起群众参与到这场关乎人们生产、生活的治污行动中来。众所周知，公众参与的互动机制主要在于实现组织者、参与者、工作程序三者的有机结合。具体措施有以下几点。

10.3.5.1 加强水环境保护的宣传教育

由于公众对于环境保护的认知度和关注度不够，导致参与度也不够高。因此，要强化公众参与机制，首要的就是提高群众的水环境保护意识。之前我们也提到，现如今，公众获取水资源污染治理信息的途径还是比较狭窄的，大部分人依旧只能通过观看电视、阅读报纸等传统渠道来了解相关进展。对于乐安河流域内的群众而言，也不例外。因此，政府环境保护及相关部门应当尝试去探索新的信息传播方式，结合现代化媒体（如设立网站和微信公众平台等），来进行水污染治理的跟踪报道，使群众能够及时了解治污的进展与概况，同时可通过这些网站和平台发布和宣传旨在丰富群众环保知识、加强环保教育的科普性文章和热点，还可以增设环节来增进政府和环保部门与群众的沟通和互动，切实营造公众参与的良好条件，增强群众的参与感。除了以上多种形式的环保宣传教育的措施之外，开设环保讲座、开展环保咨询服务等也不失为很好的宣传教育方式，并且形式新颖有吸引力，必定会对响应公众对宣传教育活动产生积极的影响。

10.3.5.2 鼓励公众参与环保监督

大多数人在参与保护水资源过程中，很少树立起主人翁意识，而是把治理河流水污染的工作仅仅视为政府的职责。为了培养起公众参与治污的责任感与使命感，水污染治理的监督权应当交到公众的手中，并且开通渠道让公众能够充分地行使自己的权利，从而形成一股强而有力的监督力量。各级政府和环保部门在制定各种有关乐安河流域水环境保护的政策法规，以及在拟定环保规划、环保工程时，可以通过召开听证会、开通建议信箱等方式，广泛征求公众意见，这也有助于解决水污染纠纷问题或跨界冲突。总而言之，就是要在乐安河水污染治理问题上，充分发挥公众的监督和舆论作用，在进行决策时应当依靠多方智慧和力量，不断促进政策和公众互动机制的实施，从根本上做好乐安河水污染治理工作。

附　录　政策法规

一、中央政策法规

　　水环境保护事关人民群众切身利益，事关全面建成小康社会，事关实现中华民族伟大复兴中国梦。为了推进我国水污染防治，国务院、国家发展改革委员会（原国家计划委员会）、建设部等部门联合制定并陆续出台了一系列相关的政策，加速统一了地方政府和公众对水污染问题的严重性的认识，水污染防治迫在眉睫。主要的代表性文件如下。

　　（一）行业管理政策

　　●《关于印发水污染防治行动计划的通知》（国发〔2015〕17号）

　　●《南水北调工程供用水管理条例》（国务院2014年1月22日第37次会议通过）

　　●《城镇排水与污水处理条例》（2013年9月18日国务院第24次常务会议通过）

　　●《关于开展环境污染强制责任保险试点工作的指导意见》（2013年1月23日）

　　●《能源管理体系认证规则》的公告（国家认监委、国家发展和改革委员会2014年第21号）

　　●《关于印发〈重点流域水污染防治规划（2011~2015年）〉的通知》（环发〔2012〕58号）

　　●《关于实行最严格水资源管理制度的意见》（国发〔2012〕3号）

●《关于加快发展海水淡化产业的意见》（国发［2012］13 号）

●《海水淡化产业发展"十二五"规划》（发改环资［2012］3867 号）

●《关于加快水利改革发展的决定》（中共中央、国务院，2011 年 1 月）

●《中华人民共和国水污染防治法》（中华人民共和国第十届全国人民代表大会常务委员会第三十二次会议于 2008 年 2 月 28 日修订通过）

●《关于推进水价改革促进节约用水保护水资源的通知》（国务院办公厅［2004］36 号）

●《中国城市供水水质督察条例（专家建议稿)》（建设部，2004 年 3 月）

●《关于进一步推进城市供水价格改革工作的通知》（国家计委、建设部等 5 部委［2002］515 号）

在我国，水污染治理行业各级管理部门主要是依据国务院各部门分工和《城市规划法》《水法》《环境保护法》《水污染防治法》的规定来实行监管。

国家在工业污水处理行业的主要法律法规包括：《环境保护法》《水污染防治法》《标准化法》《合同法》《招标投标法》等。

（二）投资政策与市场化政策

●《关于进一步推进排污权有偿使用和交易试点工作的指导意见》（国务院办公厅［2014］38 号）

●《关于印发重大环保装备与产品产业化工程实施方案的通知》（发改环资［2014］2064 号）

●《关于调整中央直属和跨省水力发电用水水资源费征收标准的通知》（发改价格［2014］1959 号）

● 完善水电上网电价形成机制的通知发改价格（［2014］61 号）

●《关于加快建立完善城镇居民用水阶梯价格制度的指导意见》（发改价格［2013］2676 号）

●《关于投资体制改革的决定》（国务院，2004 年）

● 建设部《建设部市政公用事业特许经营管理办法》，2004 年 5 月 1 日执行

● 国家发改委《关于做好当前投资工作促进经济发展的通知》，2003 年 5 月

● 建设部《关于加快市政公用行业市场化进程的意见》，2002 年 12 月 27 日

● 国家计委办公厅《关于加快项目前期工作，积极推进城市污水和垃圾处理产业化有关问题的通知》（计办投资［2002］1451 号）

● 国家计委、财政部、建设部、国家环保总局《关于实行城市生活垃圾处理收费制度促进垃圾处理产业化的通知》（计价格［2002］872 号）

● 建设部、国家环保总局、原国家计委《关于推进城市污水、垃圾处理产业化发展的意见》，2002 年 9 月 10 日

● 原国家计委、国家经贸委、外经贸部《外商投资产业指导目录》，2002 年 3 月 4 日发布，自 2002 年 4 月 1 日起施行

从以上政策可以看出，国家多次出台内容有所重复的相关政策，表明了政府决定开放水业市场的决心，以强化国内外投资者的信心。当然，对于具有自然垄断性的城市自来水业市场的开放，与其他一般性竞争性行业不一样，政府还必须肩负重大的监管责任，确保公众利益。特许经营管理制度是政府实现对企业监管职能的一个重要手段。

二、地方政策法规

在地方政策方面，各地普遍肯定国家宏观政策的方向性和前瞻性，地方政府和有关行政管理部门根据国家宏观政策框架，认真总结当地实践经验，积极探索，制定和出台了一些实施细则和指导意见。如福建、辽宁、山东省政府以及海南有关厅局制定了关于推进城市污水处理产业化发展的意见和规定；山西、江苏、广东等省先后制定了城市污水收费管理办法和实施意见；江苏、河北省政府提出了关于进一步推进城市市政公用事业改革的意见；深圳、河北和北京等省市颁布了市政公用事业（或城市基础设施）特许经营（管理）办法等。

参 考 文 献

[1] 中华人民共和国水利部. 2014中国水资源公报 ［M］. 北京：中国水利水电出版社，2015.

[2] 张亮. 我国水资源短缺的对策研究 ［D］. 北京：中国发展出版社，2015.

[3] 付意成. 流域治理修复型水生态补偿研究 ［D］. 中国水利水电科学研究院，2013.

[4] 李二平. 跨界突发性水污染事故预警系统研究与应用 ［D］. 哈尔滨工业大学，2015.

[5] 张颖. 中国流域水污染规制研究 ［D］. 辽宁大学，2013.

[6] 宋筱轩. 动态数据驱动的河流突发性水污染事故预警系统关键技术研究 ［D］. 浙江大学，2014.

[7] 李永胜. 水污染防治中公众参与问题研究 ［D］. 吉林大学，2014.

[8] 张丽. 浑河流域抚顺段水污染自动监测预报和应急处理研究 ［D］. 沈阳农业大学，2013.

[9] 马乐宽等. 国家水污染防治"十二五"战略与政策框架 ［J］. 中国环境科学，2013（2）：377-383.

[10] 赖苹等. 基于微分博弈的流域水污染治理区域联盟研究［J］. 系统管理学报，2013（3）：308-316.

[11] 袁群. 国外流域水污染治理经验对长江流域水污染治理的启示 ［J］. 水利科技与经济，2013（4）：1-4.

[12] 王金南等. 中国流域水污染控制分区方法与应用 ［J］. 水科学进展，2013（4）：459-468.

[13] 周亮，徐建刚. 大尺度流域水污染防治能力综合评估及动力因子分析——以淮河流域为例［J］. 地理研究，2013（10）：1792-1801.

[14] 吕阳，邢华. 辽河流域水污染防治的财政政策及绩效评价［J］. 财政研究，2013（9）：34–36.

[15] 金琳. 流域水污染防治法律问题研究［D］. 辽宁大学，2013.

[16] 李垚. 工程措施与非工程措施在水污染治理中的作用研究［D］. 西北农林科技大学，2013.

[17] 马利艳. 流域水污染控制中的协调机制研究［D］. 中国海洋大学，2013.

[18] 李洽淦. 水污染治理中的公众参与研究［D］. 广州大学，2013.

[19] 李正升，王俊程. 基于政府间博弈竞争的越界流域水污染治理困境分析［J］. 科学决策，2014（12）：67–76.

[20] 张家瑞等. 滇池流域水污染防治财政投资政策绩效评估［J］. 环境科学学报，2015（2）：596–601.

[21] 孟伟. 辽河流域水污染治理和水环境管理技术体系构建——国家重大水专项在辽河流域的探索与实践［J］. 中国工程科学，2013（3）：4–10.

[22] 周亮等. 淮河流域水环境污染防治能力空间差异［J］. 地理科学进展，2013（4）：560–569.

[23] 张家瑞等. 滇池流域水污染防治收费政策实施绩效评估［J］. 中国环境科学，2015（2）：634–640.

[24] 杨小林，李义玲. 长江流域水污染事故时空特征及其环境库兹涅茨曲线检验［J］. 安全与环境学报，2015（2）：288–291.

[25] 王惠玉. 大同市海河流域水污染防治规划研究［D］. 浙江大学，2013.

[26] 陈海英. 流域水污染防治规划编制技术要点探讨［J］. 中国人口·资源与环境，2014（S1）：323–325.

[27] 张宇，蒋殿春. FDI、政府监管与中国水污染——基于产业结构与技术进步分解指标的实证检验［J］. 经济学（季刊），2014（2）：491–514.

[28] 李正升. 跨行政区流域水污染冲突机理分析：政府间博弈竞争的视角［J］. 当代经济管理，2014（9）：1–4.

[29] 李正升. 从行政分割到协同治理：我国流域水污染治理机制创新［J］. 学术探索，2014（9）：57–61.

[30] 张晓. 中国水污染趋势与治理制度［J］. 中国软科学，2014（10）：11–24.

[31] 王薇等. 流域水污染府际合作治理机制研究——基于"黄浦江浮猪事件"的跟踪调查［J］. 中国行政管理，2014（11）：48-51.

[32] 秦勤. 我国跨界水污染治理的对策研究［D］. 四川省社会科学院，2014.

[33] 刘振坤. 网络治理理论视角下黄河流域水污染治理研究［D］. 西南政法大学，2013.

[34] 赵虹眉. 澜沧江—湄公河流域跨界水污染防治法律机制研究［D］. 昆明理工大学，2014.

[35] 谭永茂. 流域水污染的整体性治理研究［D］. 广西大学，2014.

[36] 胡雯. 我国水污染费改税：国外经验与制度构想［D］. 安徽财经大学，2015.

[37] 贾琳琳. 我国开征水污染税的制度研究［D］. 河北经贸大学，2013.

[38] 陶华旸. 黄河甘肃流域水污染控制单元划分与控制目标预测分析［D］. 兰州大学，2013.

[39] 李盼雅. 我国政府环境审计研究［D］. 首都经济贸易大学，2014.

[40] 王艾娴. 小流域水污染防治的法律对策研究［D］. 山西财经大学，2014.

[41] 于博维. 中美水污染防治法比较研究［D］. 中国地质大学（北京），2014.

[42] 王圣君. 政府治理跨界水污染模式研究［D］. 东华大学，2015.

[43] 曲富国. 辽河流域生态补偿管理机制与保障政策研究［D］. 吉林大学，2014.

[44] 周海炜等. 黑龙江流域跨境水污染防治的多层合作机制研究［J］. 中国人口·资源与环境，2013（9）：121-127.

[45] 崔敏. 流域水污染排污权交易制度研究［D］. 广东：暨南大学，2013.

[46] 罗纳尔德·H.科斯. 社会成本问题［J］. 法学与经济学杂志，2012.

[47] 高鸿业. 西方经济学（第五版）［M］. 北京：中国人民大学出版社，2010.

[48] 陈磊，张世秋. 排污权交易中企业行为的微观博弈分析［J］. 北京大学学报（自然科学版），2005（6）.

[49] 瞿伟，王溪若. 关于排污权交易运行过程中若干问题的研究［J］. 合肥工业大学学报（社会科学版），2005（4）.

［50］张颖. 美国环境公共信托理论及环境公益保护机制对我国的启示［J］. 域外视野（政治与法律），2011（6）.

［51］李寿德，王家祺. 初始排污权不同分配下的交易对市场结构的影响研究［J］. 武汉理工大学学报（交通科学与工程版），2004，28（1）：40-43.

［52］陈德湖等. 排污权交易市场中的厂商行为与政府管制［J］. 系统工程，2004，22（3）：44-46.

［53］黄桐城，武邦涛. 基于治理成本和排污收益的排污权交易定价模型［J］. 上海管理科学，2014（6）.

［54］周志. 从企业行为角度分析我国排污权交易二级市场存在的问题［J］. 特区经济，2011（8）.

［55］张劲松，曹伟萍. 排污权交易成本动因分析［J］. 哈尔滨商业大学学报（自然科学版），2012（2）：106-111.

［56］万海玲. 试论排污权交易在我国的立法建议［J］. 西安文理学院学报（社会科学版），2010（6）.

［57］李全生，郁漩. 排污权交易的理论基础和实施环境分析［J］. 西北农林科技大学学报（社会科学版），2011（11）.

［58］林盛群，金腊华. 水污染事件应急处理技术与决策［M］. 北京：化学工业出版社，2013.

［59］钱家忠. 地下水污染控制［M］. 合肥：合肥工业大学出版社，2013.

［60］王丹. 环境生物技术与环境保护［J］. 安徽农学通报，2014（7）.

［61］徐波. 中国环境产业发展模式研究［M］. 北京：科学出版社，2013.

［62］杨东平. 中国环境发展报告（2009）［M］. 北京：社会科学文献出版社，2009（3）.

［63］郑西来. 地下水污染控制［M］. 武汉：华中科技大学出版社，2009.

［64］全学军等. 微生物在废水处理中的应用进展［J］. 重庆工学院学报，2003（1）.

［65］任勇. 日本环境管理及产业污染防治［M］. 北京：中国环境科学出版社，2012.

［66］沈洪艳. 环境管理学［M］. 北京：中国环境科学出版社，2015.

［67］贾西津. 公民参与——案例与模式［M］. 北京：社会科学文献出版社，

2008（1）.

[68] 蔡定剑.公众参与：风险社会的制度建设［M］.北京：法律出版社，2009（3）.

[69] 王锡锌.行政过程中公众参与的制定实践［M］.北京：中国法制出版社，2008（2）.

[70] 李艳芳.公众参与环境影响评价制度研究［M］.北京：中国人民大学出版社，2014（1）.

[71] 贺振燕，王启军.论我国环境保护的公众参与问题［J］.环境科学动态，2002（2）.

[72] 吕锐锋.美国水环境管理经验对深圳的启示［J］.深圳特区，2004（9）.

[73] 李垚，吕军利.水污染治理的公众参与［J］.特区经济，2013（2）.

[74] 王紫鹦，顾骅珊.嘉兴水污染治理中公众参与的现实困境及对策［J］.卷宗，2015（9）.

[75] 梁国栋.工业水污染治理攻坚［J］.中国人大，2015（6）.

[76] 黄俊易.农业水污染防控破题［J］.农村·农业·农民，2015（7）.

[77] 王浩，褚俊英.和衷共济，奋力前行——水污染防控40年脉络与发展［J］.环境保护，2013（14）.

[78] 张龙江.公众参与社会环境影响评价和流域水污染控制［M］.北京：中国环境出版社，2013.

[79] 马勇.水污染防治公众参与［J］.世界环境，2011（2）.

[80] 冷罗生.《水污染防治法》值得深思的几个问题［J］.中国人口·资源与环境，2009（2）.

[81] 许建萍等.英国泰晤士河污染治理的百年历程简论［J］.赤峰学院学报，2013.

[82] 王保旺.安徽省淮河流域水污染现状及治理建议［J］.江淮水利科学，2014.

[83] 于术桐.淮河流域水污染控制与治理回顾及当前关键问题［J］.治淮，2010.

[84] 钱易.治理30年，水质好转了吗［J］.新环境，2014.

[85] 张忠祥.国内外水污染治理典型案例分析研究［J］.水工业市场，2009.

［86］王明杰. 湖泊保护的公众参与模式探讨［J］. CHINA TERRITORY TODAY, 2011.

［87］胡晓娟. 日本琵琶湖管理借鉴［J］. 环境, 2007.

［88］蒋蕾蕾. 日本琵琶湖治理对我国公众参与环境保护的启示［J］. 世界环境, 2009.

［89］尤鑫. 日本琵琶湖开发与保护对鄱阳湖生态经济区建设的启示［J］. 江西科学, 2012.

［90］杨锐. 滇池治理和保护中的公共参与问题研究［D］. 云南：云南大学, 2013.

［91］方淋. 昆明滇池环境的污染成因与治理分析［J］. 探索与思考, 2009.

［92］李杰, 李俊梅. 现代新昆明与治理滇池污染［J］. 创造, 2010.

［93］王嵘, 万金保. 乐安河水环境现状调查与保护对策［J］. 江西化工, 2004（3）.

［94］黄学平, 万金保. 乐安河水环境现状及其治理措施［J］. 长江流域资源与环境, 2005（11）.

［95］廖合群, 金妹兰. 德兴铜矿开采环境代价分析［J］. 价格月刊, 2013（12）.

［96］张佳文等. 江西德兴大坞河流域土壤重金属环境质量及演化趋势［J］. 国土资源科技管理, 2012（6）.

［97］李鸣, 刘琪璟. 鄱阳湖水体和底泥重金属污染特征与评价［J］. 南昌大学学报（理科版）, 2010（5）.

［98］崔丽娟, 张曼胤. 鄱阳湖与长江交汇区陆域重金属含量研究［J］. 林业科学研究, 2006（13）.

［99］梁艳. 我国水资源污染的现状、原因及对策［J］. 科技资源, 2012（24）.

［100］兰蔚. 乐安河的污染及治理研究［J］. 黑龙江水专学报, 2006（2）.

［101］陈东景等. 节水型社会建设前后的山东省水资源使用效率变化及其收敛性研究［J］. 干旱区资源与环境, 2014（4）：60-65.

［102］王江等. 水资源管理与保护的域外经验探析［J］. 环境保护, 2014（4）：36-38.

［103］鹿星等. 水资源优化配置的可视化决策支持系统分析平台［J］. 水利水

电技术，2014（1）：24-27，31.

[104] 秦天宝. 论我国水资源保护法律的完善 [J]. 环境保护，2014（4）：31-35.

[105] 杨得瑞等. 我国水权之路如何走 [J]. 水利发展研究，2014（1）：10-17.

[106] 张雷等. 中国流域水资源综合开发 [J]. 自然资源学报，2014（2）：295-303.

[107] 季妤，陆宝宏. 南京市水资源可持续利用评价 [J]. 水资源保护，2014（1）：79-83.

[108] 曾雪婷等. 水资源差别化定价方法及应用 [J]. 水电能源科学，2014（1）：149-152.

[109] 钟一铭等. 规划水资源论证介入时机与相关内容 [J]. 中国水利，2014（1）：22-25.

[110] 吴丹. 中国经济发展与水资源利用脱钩态势评价与展望 [J]. 自然资源学报，2014（1）：46-54.

[111] 杨雪梅等. 西北干旱地区水资源—城市化复合系统耦合效应研究——以石羊河流域为例 [J]. 干旱区地理，2014（1）：19-30.

[112] 邹进等. 基于二元水循环理论的水资源承载力质量能综合评价 [J]. 长江流域资源与环境，2014（1）：117-123.

[113] 魏楚，沈满洪. 水资源效率的测度及影响因素：基于文献的述评 [J]. 长江流域资源与环境，2014（2）：197-204.

[114] 刘民士等. 基于水足迹理论的安徽省水资源评价 [J]. 长江流域资源与环境，2014（2）：220-224.

[115] 单平基. 论我国水资源的所有权客体属性及其实践功能 [J]. 法律科学（西北政法大学学报），2014（1）：68-79.

[116] 杨珍华，赵自成. 国内跨界水资源问题研究：回顾与展望 [J]. 理论月刊，2014（2）：146-151.

[117] 张乐等. 干旱灾害应急水资源合作储备模型研究 [J]. 资源科学，2014（2）：342-350.

[118] 马海良等. 中国城镇化进程中的水资源利用研究 [J]. 资源科学，2014（2）：334-341.

［119］牛文娟等.跨界水资源冲突中地方保护主义行为的演化博弈分析［J］.管理工程学报，2014（2）：64–72.

［120］王伟荣，张玲玲.最严格水资源管理制度背景下的水资源配置分析［J］.水电能源科学，2014（2）：38–41.

［121］李昌彦等.水资源适应对策影响分析与模拟［J］.中国人口·资源与环境，2014（3）：145–153.

［122］李华，叶敬忠.被捕获的自然：重审水资源商品化［J］.中国农业大学学报（社会科学版），2014（2）：40–47.

［123］陈冬冬等.中国水资源生态足迹与生态承载力时空分析［J］.成都信息工程学院学报，2014（2）：202–207.

［124］陈灿平.我国水资源问题的成因分析和对策研究［J］.西南民族大学学报（人文社会科学版），2014（6）：141–144.

［125］张志刚.浅析水资源生态可持续发展问题［J］.科技创新与应用，2014（23）：159.

［126］刘国良.区域水资源智能配置研究［D］.浙江大学，2014.

［127］李柯.论黄河流域水资源管理的法制完善［D］.山东师范大学，2014.

［128］左其亭等.水资源与经济社会和谐平衡研究［J］.水利学报，2014（7）：785–792，800.

［129］姚海娇等.中亚地区跨界水资源问题研究综述［J］.资源科学，2014（6）：1175–1182.